U0721992

广布全球的鸟

生命百科编委会　编著

中国大百科全书出版社

图书在版编目（CIP）数据

广布全球的鸟 / 生命百科编委会编著 . -- 北京 ：中国大百科全书出版社，2025. 1. --（生命百科）.
ISBN 978-7-5202-1817-7

Ⅰ . Q959.7-49

中国国家版本馆 CIP 数据核字第 2025EA4706 号

总 策 划：刘　杭　郭继艳
策划编辑：王　阳
责任编辑：张会芳
责任校对：闵　娇
责任印制：王亚青
出版发行：中国大百科全书出版社有限公司
地　　址：北京市西城区阜成门北大街 17 号
邮政编码：100037
电　　话：010-88390811
网　　址：http://www.ecph.com.cn
印　　刷：唐山富达印务有限公司
开　　本：710mm×1000mm　1/16
印　　张：10
字　　数：100 千字
版　　次：2025 年 1 月第 1 版
印　　次：2025 年 1 月第 1 次印刷
书　　号：ISBN 978-7-5202-1817-7
定　　价：48.00 元

本书如有印装质量问题，可与出版社联系调换。

总　序

　　这是一套面向大众、根植于《中国大百科全书》第三版（以下简称百科三版）的百科通俗读物。

　　百科全书是概要记述人类一切门类知识或某一门类知识的完备的工具书。它的主要作用是供人们随时查检需要的知识和事实资料，还具有扩大读者知识视野和帮助人们系统求知的教育作用，常被誉为"没有围墙的大学"。简而言之，它是回答问题的书，是扩展知识的书。

　　中国大百科全书出版社从1978年起，陆续编纂出版了《中国大百科全书》第一版、第二版和第三版。这是我国科学文化建设的一项重要基础性、标志性、创新性工程，是在百年未有之大变局和中华民族伟大复兴全局的大背景下，提升我国文化软实力、提高中华文化国际影响力的一项重要举措，具有重大的现实意义和深远的历史意义。

　　百科三版的编纂工作经国务院立项，得到国家各有关部门、全国科学文化研究机构、学术团体、高等院校的大力支持，专家、学者5万余人参与编纂，代表了各学科最高的专业水平。专家、作者和编辑人员殚精竭虑，按照习近平总书记的要求，努力将百科三版建设成有中国特色、有国际影响力的权威知识宝库。截至2023年底，百科三版通过网站（www.zgbk.com）发布了50余万个网络版条目，并陆续出版了一批纸质版学科卷百科全书，将中国的百科全书事业推向了一个新的高度。

　　重文修武，耕读传家，是我们中国人悠久的文化传承。作为出版人，我们以传播科学文化知识为己任，希望通过出版更多优秀的出版物来落实总书记的要求——推动文化繁荣、建设中华民族现代文明，努力建设中国式现代化强国。

为了更好地向大众普及科学文化知识，我们从《中国大百科全书》第三版中选取一些条目，通过"人居环境""科学通识""地球知识""工艺美术""动物百科""植物百科""渔猎文明""交通百科"等主题结集成册，精心策划了这套大众版图书。其中每一个主题包含不同数量的分册，不仅保持条目的科学性、知识性、准确性、严谨性，而且具备趣味性、可读性，语言风格和内容深度上更适合非专业读者，希望读者在领略丰富多彩的各领域知识之时，也能了解到书中展示的科学的知识体系。

衷心希望广大读者喜爱这套丛书，并敬请对书中不足之处给予批评指正！

《中国大百科全书》编辑部

"生命百科"丛书序

　　生命的诞生源自生物分子的出现，历经生物大分子、细胞、组织、器官、系统至个体、种群、人类的过程。在宏观进化链中，生物进化范畴的最顶端是人类的出现。

　　从个体大小上讲，生命体有高大的木本植物，有低矮的草本植物，还有能引起人类或动植物疾病的真菌、细菌、病毒等微生物。从生活空间上讲，生命体有广布全球的鸟，有在水中自由自在的鱼等。从感官上讲，生命体有香气宜人的植物，也有赏心悦目的花。从发育学上讲，有变态发育的动物（胚胎发育过程中形态结构和生活习性有显著变化的动物，也称间接发育动物），如昆虫；也有直接发育的动物（胚后发育过程中幼体不经过明显的变化就逐渐长成成体的动物），如包括人类在内的哺乳动物、鸟类、鱼类和爬行类等。有的生命体还是治疗其他动植物疾病的药，如以药用动植物为主要原料的药物等。为维持生命体健康地生长与发育，认识疾病、诊断疾病、治疗疾病很有必要。

　　为便于读者全面地了解各类生物，编委会依托《中国大百科全书》第三版生物学、作物学、园艺学、林业、植物保护学、草业科学、渔业、畜牧、现代医学、中医药等学科内容，组织策划了"生命百科"丛书，编为《常见木本植物》《常见草本植物》《香气宜人的植物》《赏心悦目的花》《广布全球的鸟》《自由自在的鱼》《变态发育的昆虫》《认识人体》《常见的疾病》《常见的疾病诊断方法》《治疗百病的药——

现代药》《治疗百病的药——中医方剂》等分册,图文并茂地介绍了各类生命体及与人类健康相关知识。

希望这套丛书能够让更多读者了解和认识各类生命体,起到传播生命科学知识的作用。

生命百科丛书编委会

目 录

第 5 章 　鹤鸵目　19

第 6 章 　鹤形目　23

第 7 章 　鸻形目　31

第12章 䴕形目 67

第13章 企鹅目 71

第14章 雀形目 73

第1章

佛法僧目

佛法僧目是鸟纲的一目。世界有 7 科 142 种。中国有翠鸟科、蜂虎科、佛法僧科、戴胜科、犀鸟科 5 科，共 87 种。

佛法僧目鸟类脚短小，趾前 3 后 1，并趾型。体形及嘴形多样，嘴短阔或强直，或细而稍曲。多数羽色艳丽，有时具金属辉亮，或是黑白斑驳状。雌雄相似，或差异极少。

佛法僧目鸟类多数种类喜栖息在近水域的林区。善于攀木。大部分种类吃昆虫；小部分（如鱼狗、翠鸟等）以小鱼为食；少数种类为杂食性，觅食小型无脊椎动物、两栖爬行类、昆虫或植物果实、种子。雌雄共同筑巢，用嘴在河岸、堤坝等处啄成隧道状洞穴；也有的利用树洞、墙洞、断崖和天然洞穴。雏鸟晚成性。

三宝鸟

三宝鸟是鸟纲佛法僧目佛法僧科三宝鸟属仅有的一种。分布于日本南部、印度东部、中南半岛、大洋洲和太平洋岛屿。在中国，夏季从东北的南部起，西至贺兰山、峨眉山，南至云南南部、广西南部及福建，在广东为留鸟。

三宝鸟全身呈纯暗蓝绿色。肩羽鲜亮而微呈蓝色；翅上有一道显著的翠蓝色横斑，展翅时更明显，似镶嵌一块宝石；尾呈黑色；下体色较淡，为蓝绿色，愈向后羽色愈淡；嘴和脚呈鲜艳的朱红色。

三宝鸟栖息于林间空地，经常停息在树顶小枝上。有时高翔空中或飞落地面寻食。飞翔时左右颠簸不定，很易识别。主要以金龟甲、蝽象、天牛、象甲等昆虫为食，是农林业的益鸟。此鸟不自营巢，在树洞筑巢，有时利用喜鹊的旧巢或抢占鹊巢。每窝产卵 2 ～ 5 枚，卵呈白色。雌雄共同孵卵。

犀 鸟

犀鸟是鸟纲佛法僧目犀鸟科鸟类的统称。

犀鸟科世界有 9 属 57 种，广泛分布于非洲中南部、印度、中南半岛、大洋洲和太平洋群岛，为典型的热带森林鸟类。中国有 4 属 5 种：冠斑犀鸟、白喉犀鸟、棕颈犀鸟、花冠皱盔犀鸟及双角犀鸟，仅见于云南南部西双版纳地区和广西西南部。

犀鸟是善于攀缘的并趾型鸟，其外趾和中趾基部有 2/3 互相并合，中趾与内趾基部也有些并合。嘴形粗厚而直，嘴上通常具盔突。

犀鸟每年入春后由群居转为成对，选择高大树干距地 15 ～ 35 米处的天然腐朽或白蚁侵咬的洞穴为巢。繁殖习性很特殊，雌鸟选好巢址后，在洞底铺一层碎木屑，就在洞内产 1 ～ 4 枚纯白色的卵。产卵后蹲在巢内不再外出，将自己的排泄物混着种子、朽木等堆在洞口。雄鸟则从巢外频频送来湿泥、果实残渣，帮助雌鸟将树洞封住。封树洞的物质渗有雌鸟黏性胃液，因而非常牢固。最后在洞口留下一个垂直的裂隙，供雌鸟伸出嘴尖接近雄鸟的喂食。雌鸟幽囚洞中达数月之久，直到雏鸟快出飞时才破洞而出。在此期间，全靠雄鸟喂食。雄鸟能将胃壁的最内层脱落吐出，呈一薄膜状，用以储存果实，以供雌鸟和雏鸟食用。雌鸟出洞时已全身换上新羽，立即负责喂雏。雌鸟在封闭的洞穴内，还不时地清扫粪便等污物，直接用嘴抛出洞外，排便时，将肛门对着洞口直接喷射出，这种奇特的生活方式是防卫猴、蛇等天敌的伤害以及对恶劣自然环境的适应。

犀鸟为珍禽，可供观赏。在东南亚一带被人们视为吉祥之物。《中国生物多样性红色名录——脊椎动物卷（2020）》将冠斑犀鸟、白喉犀鸟、棕颈犀鸟及双角犀鸟均评估为极危（CR）物种，花冠皱盔犀鸟评估为濒危（EN）物种。

第 **2** 章

鸽形目

鸽形目是鸟纲的一目。广布于除两极外的世界各地。有 2 科：①沙鸡科。世界有 2 属 16 种，中国有 2 属 3 种。②鸠鸽科。世界有 41 属 309 种，中国有 8 属 31 种。

鸽形目鸟类体形中等，嘴尖平直或稍弯曲，上嘴基部柔软，被以蜡膜，嘴端膨大而具角质（沙鸡除外）；颈和脚均较短，胫全被羽。

鸽形目沙鸡类栖息在沙漠、荒原地区，鸠鸽类栖息于多树或多岩石的山区和农村。鸽形目鸟类在岩缝、峭壁或树木枝条上营巢。以杂草种子、农作物种子和各类植物果实为食。

沙 鸡

沙鸡是鸟纲鸽形目一科。有毛腿沙鸡属和沙鸡属 2 属。全长 23 ～ 43 厘米。嘴基无软膜；翅端尖形；跗跖被羽；后趾退化或全缺。

毛腿沙鸡属有毛腿沙鸡和西藏毛腿沙鸡 2 种，中国均有分布。毛腿沙鸡见于新疆、青海、甘肃、内蒙古和东北；西藏毛腿沙鸡在西藏南部、四川西北部、新疆西部、青海南部和东部繁殖，冬季迁至海拔 4000 米以下的地带。

沙鸡属世界有 14 种，分布于非洲、欧洲和亚洲；中国仅有黑腹沙鸡 1 种，在天山地区繁殖，为新疆西部喀什一带的旅鸟。

毛腿沙鸡体形大小似鸽子，头较小，上体呈沙棕色且杂以黑色横纹；翅膀长而尖；中央尾羽特长且成叉状；后胸有淡棕色带；腹部呈淡沙棕色且有一黑色块斑；脚和趾都被以较密的短毛，足 3 趾，脚底为垫状，被以细鳞，适于在沙漠中行走。栖息在沙漠和荒原，常大群在开阔地飞翔觅食，往往是低空疾速飞行。在新疆、内蒙古繁殖。在地面沙土凹处筑巢。卵椭圆形，每窝 3 卵。主要以各种植物种子和幼芽为食。

斑　鸠

斑鸠是鸟纲鸽形目鸠鸽科一属。有 16 种，分布于非洲、欧洲和亚洲。中国有 5 种，包括山斑鸠、珠颈斑鸠、欧斑鸠等种，几乎遍及各省区。

斑鸠体中型，全长 27 ～ 35 厘米；两翅无金属羽色；脚短而强壮，跗跖较中趾为长。

山斑鸠又称金背斑鸠、棕背斑鸠，在中国为常见种。上体羽以褐色为主，头颈呈灰褐色，染以葡萄酒色；额部和头顶呈灰色或蓝灰色，后颈基两侧各有一块具蓝灰色羽缘的黑羽，肩羽的羽缘呈红褐色；上背呈褐色，下背至腰部呈蓝灰色；尾的端部呈蓝灰色，中央尾羽呈褐色；颏和喉呈粉红色；下体呈红褐色。雌雄羽色相似。山斑鸠栖息在山地、山麓或平原的林区，主要在林缘、耕地及其附近集数只小群活动。秋冬季节迁至平原，常与珠颈斑鸠结群栖息。飞行似鸽，常滑翔。鸣声单调低沉。警惕性甚高。觅食高粱、麦种、稻谷以及果实等，有时也吃昆虫的幼虫。巢筑在树上，一般距地面 3 ～ 7 米，用树枝搭成，结构简单。巢形为平盘状。每窝产卵两枚，卵呈白色。孵化期约 18 天，雏期约 18 天。

珠颈斑鸠又称珍珠鸠、花斑鸠，在中国亦较为常见。

鸽

鸽是鸟纲鸽形目鸠鸽科一属。多用途的鸟类。主要用于肉食、体育竞翔和观赏等。肉用乳鸽饲养现已发展成为一种新兴的养禽业。

◆ 简史

家鸽起源于原鸽。在欧洲、东南亚、非洲和南北美洲等温带热带地区，至今仍有原鸽存在。家鸽被认为是最早驯化的鸟类之一。考古学家发现公元前 4500 年美索不达米亚的艺术品和硬币上已有鸽的图像。前 3000 年左右的埃及菜谱上有关于鸽的烹调记载。16 世纪阿拉伯人远道经商，都身带鸽借以传书与家人联系。中国相传在秦汉时代宫廷和民间已有人热衷于养鸽。清代张万钟所著《鸽经》是分类详细、记载丰富的一部早期养鸽著作。

◆ 形态特性

鸽属中等体形鸟类，一般雄鸽比雌鸽大。羽毛紧凑，羽色有灰、白、红、黄、黑和雨点等。颈羽常有金属光泽，站立时姿态挺拔，喜群飞。目光炯炯有神，眼沙清晰，眼球外有眼环，内有瞬膜，平时开放，飞行时紧闭以防水、防尘和保护视力。2 月龄开始换主翼羽。每隔 15 ～ 20 天换一根，可据此估测幼鸽年龄。4 月龄左右开始发情，5 ～ 6 月龄可配种。以一雄一雌为配偶，雄鸽常发"咕咕"叫声。雌鸽配种后才产蛋，每窝一般产 2 个蛋，随后便进行孵化，孵化期 17 ～ 18 天。每年可产 6 ～ 8 窝。适宜繁殖年龄为 1 ～ 5 岁。寿命一般 10 年左右。

雄鸽和雌鸽都能在嗉囊内制造鸽乳。鸽乳是喂饲雏鸽的特殊养料，色微黄，营养丰富。雏鸽出壳后，由亲鸽口对口轮流哺乳。

一周后鸽乳中伴有半消化的食物，两周后对乳鸽逐渐转喂饲料。鸽的饮水方式特殊，是将喙插入水中一次饮足。无胆囊。体腔内有 9 个气囊分布在有关部位之间，其中储满气体，以在飞翔时减轻体重和保持身体平衡，并可借换入的冷空气调节体温。

◆ **类型与品种**

经过长期的人工选育，全球有 1500 多个家鸽品种。按经济用途可分为肉用鸽、信鸽和观赏鸽 3 种类型。①肉用鸽。指 4 周龄左右专供食用的乳鸽品种。有蒙丹鸽、贺姆鸽等。特点是生长快，肉质好。中国饲养较多的有石岐鸽、王鸽等。②信鸽。能作长距离飞行，世界较著名的有 50 多个品种。③观赏鸽。体形较小，一般体重 0.25 ～ 0.4 千克，性情温顺，体形各异，千姿百态，动作奇巧，羽毛美丽，有红、黄、白、灰、黑等色。较著名的有 50 多个品种。其中观赏价值较高的有披肩鸽（又称吊巾鸽）、扇尾鸽（又称孔雀鸽）、鹰头鸽，性情温顺，善解人意，易于训练，可作杂技表演；其他还有筋斗鸽，以及喜鹊鸽、燕子鸽和点子鸽等。

◆ **饲养管理**

鸽以植物性食物为生。饲粮配合中谷类约可占 2/3，豆类约占 1/3。哺育乳鸽期间的种鸽饲料中的蛋白质含量可占到 18% 左右，青年鸽为

15% 左右，同时适当配合沙粒、食盐、矿物质和多种维生素。采用全价配合颗粒饲料喂鸽，效果更好。肉仔鸽一般在出售前进行 5～7 天的育肥。

鸽舍的建筑应光线充足，保持干燥，同时注意防止猫、蛇、鼠等的侵害。种鸽舍面积 8～10 平方米，可养 20～40 对。

◆ **利用**

乳鸽和鸽蛋是营养丰富的食品。鸽在医学上是有价值的实验动物。军用鸽被用来搜索目标和航海遇难人员。信鸽竞翔是一项有益的体育活动。现欧美国家有些大城市饲养鸽的数量越来越多，鸽粪到处堆积，导致房屋负重增加、排水管被堵塞，某些具有艺术价值的建筑物也被损毁，并传播疾病，为此有人主张遏制过分饲养。

第3章

鸱形目

鸱形目是鸟纲的一目。仅鸱科1科，有9属47种。分布在美洲。

鸱形目鸟类足具4趾，大趾或不存在。翅退化。体形大，长达90厘米以上。均为地栖型，善走而不善飞。尽管部分种类很常见，但大多数性胆怯，善隐匿。通常白天活动，晚上休息。在地面营巢。鸱科中的孤鸱分布在巴西和阿根廷北部，现存不超过100只；哥伦比亚鸱分布于哥伦比亚马格达莱纳河谷，数量也日益减少，两者均被世界自然保护联盟（IUCN）列为濒危（EN）等级物种，需要加强保护。

红翅鸱

红翅鸱是鸟纲鸱形目鸱科鸱属的一种鸟。

红翅鸱身体大小如鹌鹑。通体灰褐色，头顶黑色，颊、颈和胸部棕色。头小，颈细，嘴稍弯曲。足上只有3个向前的短趾，无大趾。杂食性。在灌丛或树根处筑巢。每窝产卵1～12枚或更多。一般由雄鸟孵卵。有时几只雌鸟在一个窝里孵卵。孵卵期19～20天。雏鸟早成性。

第4章

鹳形目

鹳形目是鸟纲的一目。为中型涉禽。世界共有 6 科，中国有鹭科的白鹭、鹳科的白鹳、鹮科的朱鹮等。

鹳形目鸟类的颈和脚均长，脚适于步行；嘴形侧扁而直；眼先裸出；胫的下部裸出；后趾发达并与前趾在同一平面上。栖于水边或近水地。以小鱼、虫类或其他小型动物为食。营巢在高树或岩崖上。雏鸟晚成性。

大红鹳

大红鹳是鸟纲鹳形目红鹳科红鹳属的一种。又称火烈鸟、焰鹳。分布于地中海沿岸，东达印度西北部，南抵非洲，也见于西印度群岛。

大红鹳体形大小似鹳；嘴短而厚，上嘴中部突向下曲，下嘴较大成槽状；颈长而曲；脚极长而裸出，向前的 3 趾间有蹼，后趾短小不着地；翅大小适中；尾短；体羽呈白色兼有玫瑰色，飞羽呈黑色，覆羽呈深红色，诸色相衬，非常艳丽。

大红鹳栖息于温热带盐湖水滨，涉行浅滩，以小虾、贝类、昆虫、藻类等为食。觅食时头往下浸，嘴倒转，将食物吮入口中，把多余的水和不能吃的渣滓排出，然后徐徐吞下。性怯懦，喜群栖，常万余只结群。

红鹳以泥筑成高墩作巢，巢基在水里，高约 0.5 米。孵卵时亲鸟伏在巢上，长颈后弯藏在背部羽毛中。每窝产卵一二枚。卵壳厚，呈蓝绿色。孵化期约 1 个月。雏鸟初靠亲鸟饲育，逐渐自行生活。

大红鹳为著名的观赏动物。《中国生物多样性红色名录——脊椎动物卷（2020）》将其均评估为近危（NT）物种。

白 鹳

白鹳是鸟纲鹳形目鹳科鹳属鸟类的统称。分布于古北界和东洋界。世界有两种，均见于中国。其中一种白鹳，分布于欧洲和中亚，见于中国新疆西北部，在屋顶上营巢。另一种东方白鹳，分布于西伯利亚及中国东部，嘴呈黑色，在树上营巢。白鹳与东方白鹳均系迁徙鸟类，冬季成小群在长江流域越冬。

白鹳体形修长，约 1.2 米。嘴长而直；颈与腿亦长。体呈纯白色，但肩羽、两翅的大覆羽、初级覆羽及飞羽等均呈光辉黑色，大部分飞羽的外翈为银灰色。雌雄羽色相同。眼周、颊部裸区及腿脚均呈红色。

白鹳飞行缓慢，常在高空中翱翔。觅食小鱼、蛙、蜥蜴和昆虫等，有时也吞食田鼠。休息时常以一足站立。受惊时常弹嘴，发出"哒哒"声。夏季繁殖，在大树高处或屋顶以枝杈、茅草等营巢，每窝产卵 3 ～ 5 枚，呈白色。

白鹳属世界濒危物种，在中国属国家重点保护鸟类。《中国生物多样性红色名录——脊椎动物卷（2020）》将其均评估为区域灭绝（RE）物种。

黑鹳

黑鹳是鸟纲鹳形目鹳科鹳属一种。又称乌鹳、锅鹳。大型涉禽。分布于古北界和东洋界。中国各地均有分布,在北方繁殖,南方越冬。

黑鹳全长约1米。上体从头至尾,包括两翅,均呈黑色,带紫色和绿色光辉。胸部与上体同,下体余部呈纯白。雌雄同色。幼鸟的头和颈呈棕色,杂以白羽,背部呈暗棕色。

黑鹳常在溪流中觅食。飞行时长颈和长脚伸直,成一直线。从不鸣叫。以鱼、蛙、蛇、甲壳类为食。春、夏在岩石峭壁或裂隙间营巢,每窝产卵3～5枚,卵呈粉色。黑鹳在中国属国家重点保护动物,《中国生物多样性红色名录——脊椎动物卷(2020)》将其均评估为易危(VU)物种。

鹭

鹭是鸟纲鹳形目鹭科动物的统称。世界有17属62种。中国有10属20种,遍布全国。大多为候鸟和旅鸟。

鹭体形纤瘦,翅大而圆,内趾与中趾间微有蹼膜,中趾之爪的内侧具栉缘。栖息于沼泽、稻田、湖泊、池塘,大多群居。以鱼类、两栖类、昆虫和甲壳动物为食。飞翔能力强。在飞行时,颈收缩于肩间,成驼背状,脚向后伸直。栖止于树上时,缩颈也呈驼背状。巢群大多筑在高大树冠顶部,以枯枝编成。每窝产卵3～6枚。卵淡青色。两性共同营巢和孵卵。

鹭常见种类有苍鹭。头顶白,羽冠黑,上体余部灰色;下体白,只有前颈下部和胁有黑色大斑。晨昏活动于湖畔和沼泽，常独立水中捕食水生动物。为东北向南至海南、台湾等省，向西到甘肃西北部及青海、西藏的留鸟。

体形较大的鹭有大白鹭，全身色白如雪，繁殖时背部披有成丛蓑羽，生殖期后则失去。在中国东北、河北、河南、长江流域各省以及海南岛等地繁殖。

体形稍小于大白鹭的鹭为中白鹭，为华中一带习见鸟类。全身洁白，颈后冠羽较短，背上及颈下蓑羽均很发达。

牛背鹭两肩部有一束蓑羽呈淡黄色，向后披至尾上。见于长江以南各省，在福建和云南繁殖，偶见于河北和山东。

小白鹭体形及羽色与中白鹭相似，但较小，繁殖期背上着生两条狭长的矛状羽，下垂如辫，背上长羽向上翘卷，胸前披以疏松的矛状羽，嘴和跗趾均黑，但趾呈黄绿色。

此外，绿鹭、棕夜鹭在中国也有分布。性喜群居，在中国南部分布较广。

朱 鹮

朱鹮是鸟纲鹳形目鹮科朱鹮属一种。又称朱鹭、凤头鹮、朱脸鹮、红鹤。东亚地区的特产种。曾分布于中国、日本、朝鲜半岛及俄罗斯地区，现仅存于中国陕西洋县。

朱鹮体形和大小似白鹭，但嘴下曲，飞行时长颈伸直向前，有别于鹭类。雄性体色白，上下体的羽干以及翅、尾等均泛粉红色，颈部有若干羽毛延伸为矛状，形成羽冠，耸立时色泽鲜艳；头顶、额、眼周和嘴基均裸露且呈朱红色，嘴呈黑色，端部呈朱红色；跗跖和下胫裸露部分呈亮红色。雌鸟在繁殖期背部有鲜蓝色粉状渲染，两翅粉红色较淡，第1～5枚初级飞羽端部灰褐色。

朱鹮生活在水边。平时栖于高树上，觅食时才落于地面或田中。以小鱼、蛙、蟹和水生昆虫为食。鸣声似乌鸦。飞行时两翅扇动徐缓而有力。夏季繁殖期间在栎、白杨或松树上营巢，离地5～10米。巢皿状，以枯蔓及树枝筑成。每窝产卵2～4枚。卵呈淡青绿色，上布浓密污褐色斑点。

20世纪20～30年代，朱鹮在中国曾广泛分布，东自兴凯湖，西抵甘肃中部，南至安徽、浙江，偶见于福建、台湾、海南岛等地。1960年以后绝迹，直到1981年，才在陕西洋县海拔1200～1400米的树林中重新发现。后经抢救性保护，野生种群已恢复到200余只。人工饲养种群成功。但因分布区狭小，种群数量稀少，仍为世界极危物种。朱鹮属中国国家一级保护野生动物，《中国生物多样性红色名录——脊椎动物卷（2020）》将其均评估为濒危（EN）物种。

第 **5** 章

鹤鸵目

鹤鸵目是鸟纲的一目。

鹤鸵目鸟类是体形仅次于鸵鸟的大型现生鸟类。体长 90 厘米以上。足仅具 3 趾，均向前。颈部被羽或裸出。翅和尾均退化，体羽的副羽特别发达，几乎与正羽片等长。足粗壮有力，跗跖除下端前面有少数盾状鳞外，其余均为六角形网状鳞。

鹤鸵目包括鹤鸵科和鸸鹋科 2 科 4 种，仅见于大洋洲。鹤鸵科鸟类的嘴侧扁而尖；头和上颈裸露，头顶有角盔；身体被亮黑色羽毛；内趾的爪大而锐利；鹤鸵体最重，约 70 千克。鸸鹋科鸟类的嘴扁平，呈三角形；头颈被有黑色、较短的毛状羽；体羽松散；3 趾均具钝爪；鸸鹋体最高可达 1.8 米。

鹤鸵目鸟类栖息于热带雨林、开阔林区和草原地带。善奔跑和跳跃，并能游泳。杂食性，以果实、种子、叶和芽为主要食物，也吃昆虫、雏鸟和鼠类。单栖、成对或组成家族群生活。常在大树基部或灌丛下，以杂草、树皮、落叶、细枝等筑巢。5 ～ 9 月产卵。每窝产卵 3 ～ 12 枚。卵呈鲜绿色、绿色或蓝绿色，表面有颗粒状突起，重 500 ～ 700 克。雄鸟孵卵和抚育雏鸟。雏鸟早成性，3 ～ 5 岁达性成熟。

鹤鸵

鹤鸵是鸟纲鹤鸵目鹤鸵科的一种鸟。又称食火鸡、双垂鹤鸵。分布于澳大利亚东部、巴布亚新几内亚和附近岛屿。

鹤鸵体高 1.7 米，重约 70 千克。头顶有高而侧扁、呈半扇状的角质盔。头颈裸露部分主要为蓝色；颈侧和颈背为紫色、红色和橙色，前颈有两个鲜红色大肉垂。身体被亮黑色发状羽。翅小，飞羽羽轴特化为 6 枚硬棘。雌雄羽色相似，但雌鸟体形较大，前颈的两个肉垂亦较大。

鹤鸵栖息于热带雨林。能奔跑，善跳跃，性机警。鸣声粗厉如闷雷。性凶猛，常用锐利的内趾爪攻击天敌。单栖或成对生活，在密林中有固定的休息地点和活动通道。食物随季节而变化，主要吃浆果，有时也吃昆虫、小鱼、鸟及鼠类。巢区大小为 1 ～ 5 平方千米。巢以落叶、草茎、木棍和细枝筑成，高约 25 厘米，直径 70 厘米。

雌鸟在 6 ～ 9 月产卵，通常每窝 3 ～ 6 枚。卵呈鲜绿色。孵化期约 49 天。雏鸟头顶有骨甲（未来的盔）。头和颈暗棕色，前颈浅黄，有 2 个三角形小肉垂。身体余部为黄色或淡黄色，上体有黑色宽纵纹。两岁后羽饰似成鸟，4 ～ 5 岁达性成熟。

鸸鹋

鸸鹋是鸟纲鹤鸵目鸸鹋科中唯一现存的一种鸟。又称澳洲鸵鸟。

鸸鹋体高可达 1.8 米，重 36 千克（雄）至 41 千克（雌）。嘴扁平似鸵鸟。头颈部皮肤呈灰蓝色，着生有黑色粗毛状短羽。体被有松散的灰褐色羽毛，先端色暗。翅极小，隐于体羽下。3 趾均具钝爪。

　　鸸鹋栖息于沙质草原和比较开阔的森林内。平时集成小群，繁殖期成对生活。善奔跑，也会游泳。主要取食植物的果实、种子、叶、芽等，亦吃昆虫。雌雄外形相似，但鸣叫时雌鸟声音如敲鼓声，雄鸟声音单调。

　　鸸鹋于 5 ～ 8 月繁殖。巢呈平台状，由细枝、树叶和树皮构成。每只雌鸟产卵 9 ～ 12 枚。卵暗蓝绿色。卵数达 5 ～ 9 枚时，雄鸟开始孵化，孵卵期约 56 天，其间很少离巢，只是蹲着或站起翻卵。孵卵温度 33 ～ 35℃，比一般鸟类低。雏鸟绒羽乳白色，带褐色纵条纹，头部有褐色斑点。

第 6 章

鹤形目

鹤形目是鸟纲一目。除少数种类外，概为涉禽。

鹤形目鸟类眼被羽或裸出；翅大都短圆，第 1 枚初级飞羽较第 2 枚短；尾短，有 12 枚尾羽。颈和脚均较长，胫的下部裸出；脚趾一般细长，后趾不发达或完全退化，存在时位置亦较高；趾间无蹼，有时具瓣蹼。不具真正的嗉囊，盲肠较发达。鸣管由气管与支气管的一部分构成；鹤的气管发达，能在胸骨和胸肌间构成复杂的卷曲，有利于发声共鸣。

鹤形目世界有 8 亚目 11 科 189 种，中国有 4 科 33 种。其中，鹤科和秧鸡科为世界性分布，三趾鹑科和鸨科遍布东半球，其余各科的分布有局限性：秧鹤科、喇叭声鹤科、日鹏科和叫鹤科为新大陆或新热带界（世界陆地动物区系分区之一，包括整个中美、南美大陆、墨西哥南部以及西印度群岛）的固有科，拟鹑科为非洲热带界特产，日鹏科分布于南半球，鹭鹤科仅产于大洋洲的新喀里多尼亚。

鹤形目鸟类体形多样，有鹑形（如三趾鹑）、鹤形、鸭形（如骨顶鸡）、秧鸡形和鸵鸟形（如大鸨）。小型种类体重仅 50 ～ 100 克，如三趾鹑。大型种类大鸨的体重可达 18 千克，为世界上能飞翔鸟类中最重者。

鹤形目鸟类栖息于水域附近的沼泽草地或草原，涉水或奔走取食小型脊椎动物、蠕虫、软体动物、昆虫以及植物的嫩芽和种子。较少飞翔。

繁殖期常有复杂的求偶炫耀，尤以鹤类和大鸨最著。两性共同筑巢。在湿地以干草茎编成简陋的板状或皿状巢，或仅在土穴中敷以少许茎叶。巢多置于水草丛中或地表；一些生活于热带雨林中的种类主要在树上筑巢；极少数（如喇叭声鹤）能在树洞中营巢。大型种每窝产卵 2～3 枚，小型种产卵 4～10 枚。卵的形状和色泽多种多样。雌雄共同孵卵，但以雌鸟为主，少数种类（如三趾鹑）由雄鸟孵卵。小型种类孵卵期为 10 余天，大型种类 28～36 天。刚出壳雏鸟被有暗色密绒羽，短时间内即有离巢能力，早成性。已离巢的幼鸟尚需亲鸟饲喂数天至 1 个月。多成家族群聚活动，直至迁徙。

鹤形目中的三趾鹑和秧鸡类是著名的猎禽。大鸨在 19 世纪是著名的猎禽，但由于滥捕，使数量剧减，已被列为重点保护鸟类。鹤类大多为珍禽，其中的丹顶鹤、黑颈鹤、白头鹤、白枕鹤、白鹤和蓑羽鹤等在中国黑龙江、吉林、辽宁、内蒙古、青海、西藏和新疆等地区繁殖。长江流域是多种鹤类的越冬地。鹤类与鸨均为中国国家重点保护鸟类。

苦恶鸟

苦恶鸟是鸟纲鹤形目秧鸡科一属鸟类的统称。在繁殖期间雄鸟晨昏激烈鸣叫，音似"kue,kue kue"，故称姑恶鸟或苦恶鸟。有 8 种，主要分布于东半球的热带和亚热带。中国有 2 种。

白胸苦恶鸟又称白胸秧鸡或白面鸡，为苦恶鸟属典型代表。全长 27～30 厘米。上体几乎呈灰黑色，面部和下体呈纯白色，尾下覆羽呈栗色；嘴基稍隆起，但不形成额甲，嘴峰较跗趾为短；跗跖较中趾（连爪）为短；翅短圆，不善长距离飞行。白胸苦恶鸟善奔走，在芦苇或水草丛中潜行，亦稍能游泳，偶作短距离飞翔，以昆虫、小型水生动物以及植物种子为食。

白胸苦恶鸟在荆棘或密草丛中，偶亦能在树上，以细枝、水草和竹叶等编成简陋的盘状巢。每窝产卵 6 ～ 9 枚。卵呈土黄色，上布紫褐色和红棕色的稀疏纵纹和斑点。在中国南方每年可产 2 ～ 3 窝。雏鸟早成性，孵出后即能离巢，但仍与亲鸟一起活动。

白胸苦恶鸟的普通亚种夏季在中国长江流域以南的东部地区繁殖，偶见于河北和山东；在福建、广东、台湾、云南等地为留鸟。白胸苦恶鸟已被《中国生物多样性红色名录——脊椎动物卷（2020）》收录，评估为无危（LC）物种。

秧 鸡

秧鸡是鸟纲鹤形目秧鸡科一属鸟类的统称。共有 18 种，分布几遍及全球。中国有普通秧鸡与蓝胸秧鸡两种。普通秧鸡又称紫面秧鸡，为此属中分布达于古北界（全球生物地理区一级区划六大界之一，包括撒哈拉沙漠以北的非洲、欧洲大陆、中亚以及含西伯利亚在内的亚洲大陆北部地区）的唯一代表。

秧鸡属鸟类全长约 23 厘米。体形略似小鸡，但嘴、腿和趾均甚细长，适于涉水。体羽松软，上体大致呈橄榄褐色且满布褐黑色纵纹；头、颈和前胸发灰色，脸侧有栗色过眼纹；下体呈暗褐色且杂以白横纹。嘴呈暗褐色，基部呈橙红，嘴长等于腿长甚或更长。腿和脚呈褐色，趾间无蹼。翅和尾均短。雌雄羽色相似。秧鸡属鸟类的嘴峰与跗跖等长。

秧鸡属鸟类栖息于沼泽地的水草丛中，奔走迅捷，偶作短距离飞行。

飞行时头颈前伸，双腿下垂。主要以植物嫩芽和种子为食，兼食昆虫和小型水生动物。在距水面不高的密草丛中以蒲草和芦苇叶筑巢。巢略呈盘状。每窝产卵 6～7 枚。卵呈粉棕色且有稀疏的暗褐色细斑。雌雄共同孵卵。雏鸟出壳后满被黑褐色绒羽，早成性。秧鸡属鸟类大多夜行，习性隐蔽。普通秧鸡在中国东北部以及西部的广大地区繁殖，已被《中国生物多样性红色名录——脊椎动物卷（2020）》收录，评估为无危（LC）物种。

鹤

鹤是鸟纲鹤形目鹤科一属鸟类的统称。

鹤为大型迁徙性涉禽。头顶通常裸露，嘴强直，鼻孔呈裂缝状。初级飞羽 11 枚，次级飞羽比初级飞羽长。胫、跗跖和趾均细长，后趾很小，且位置高于前 3 趾。

鹤栖息于沼泽湿地、草原或宽阔的农田。营地面生活，从不停栖树上。飞行时头、颈和两腿前后伸直，并常排成整齐的队形。雏鸟早成性。

鹤属鸟类世界有 15 种，中国有灰鹤、白头鹤、白枕鹤、白鹤、赤颈鹤、蓑羽鹤、沙丘鹤、丹顶鹤和黑颈鹤 9 种。其中，灰鹤数量最多，分布较广；沙丘鹤仅是偶尔见到；丹顶鹤和黑颈鹤最为驰名。所有鹤类在中国均属国家重点保护鸟类。

蓑羽鹤

蓑羽鹤是鸟纲鹤形目鹤科蓑羽鹤属的一种。

◆ 形态特征

蓑羽鹤大型涉禽，是鹤类中体形最小的种类。体羽主要为蓝灰色。

头侧、喉和前颈黑色。喉和前颈羽毛极度延长成蓑状，眼后和耳羽形成的白色耳簇羽延长成束状，垂于头侧。翅灰色，但羽端黑色，飞翔时形成黑色翅尖。虹膜红色或紫红色，嘴黄绿色，脚和趾黑色。

◆ **生物学习性**

蓑羽鹤在非洲西北部、土耳其东部、俄罗斯西南部和中国北部的广大地区繁殖，越冬于非洲中部和印度等地。在中国，繁殖于黑龙江、吉林、内蒙古、宁夏和新疆等地，迁徙时见于河北、青海、河南、山西等地。以往文献认为在中国西藏南部越冬，但卫星跟踪结果表明，被跟踪的蓑羽鹤在迁徙时不在西藏地区停留，而是直接飞越青藏高原和喜马拉雅山，到印度的北部越冬。在中国并未发现集中的越冬地，只有零星的越冬个体报道。

蓑羽鹤栖息于开阔的草原地区，在中国的栖息地有草甸草原、典型草原和荒漠草原，也在沼泽、苇塘、湖泊和河流等湿地周围或农田中活动。杂食性，主要以植物的种子、根、茎、叶和鱼、蛙、鼠类等小型动物以及昆虫为食。除繁殖期成对活动外，多以家族群或小群活动。

◆ **生活史特征**

蓑羽鹤繁殖期在 4 ～ 6 月，在河滩、草甸上或水边草丛和沼泽中营巢，每窝通常产 2 枚卵，雌雄轮流孵化，孵化期 27 ～ 30 天。

◆ **种群动态与保护措施**

在中国，蓑羽鹤种群数量较少。尽管蓑羽鹤属于湿地鸟类，但其适栖环境是半干旱地区的草地生境。主要威胁因素有：①牧区畜牧量过载。不但破坏了其栖息环境，同时也使繁殖地蓑羽鹤的巢被踩坏的概率增加。②草场退化造成的栖息地退化。③人为活动和毒杀。在中国，蓑羽鹤已被列为国家二级保护野生动物；已被《中国生物多样性红色名录——脊椎动物卷（2020）》收录，评估为近危（NT）物种。2012 年世界自然保护联盟将其评估为无危（LC）物种。

丹顶鹤

丹顶鹤是鸟纲鹤形目鹤科鹤属的一种。又称仙鹤。

丹顶鹤繁殖期分布于俄罗斯地区，中国黑龙江齐齐哈尔、三江平原的红河、七星河流域、吉林西部向海和莫莫格区域、辽宁盘锦双台子河下游以及内蒙古达来诺尔等地；越冬于朝鲜半岛、日本等国，以及中国江苏沿海滩涂、长江中下游地区，偶见于江西和台湾。

丹顶鹤为大型涉禽，全长 1.2～1.6 米。颈、腿和嘴均较长。全身几乎呈纯白色，头顶裸皮且呈朱红色，次级飞羽和三级飞羽呈黑色。三级飞羽长且弯曲呈弓状，覆盖于尾上。

丹顶鹤栖息于开阔平原、沼泽、湖泊、草地、海边滩涂、芦苇等地，偶见于耕地。迁徙期和冬季常由数个家族群结成较大的群体，有时集群多达 40～50 只。觅食地和夜息地一般比较固定。丹顶鹤主要以鱼、虾、水生昆虫、软体动物、蝌蚪、沙蚕、钉螺以及水生植物的茎、叶和果实为食。

丹顶鹤营巢于开阔的芦苇沼泽地或水边草地中，巢多置于有一定水深的芦苇丛中或较高的水草丛中。巢简陋，主要由芦苇、三棱草和芦花构成，呈浅盘状。繁殖期在每年 4～6 月，一雌一雄制。每窝产卵 2 枚，由雌雄鸟轮流孵化，孵化期为 30～33 天。雏鸟出壳后即能蹒跚行走，几天后可随亲鸟离巢游泳于浅水中。两龄性成熟，寿命可达 50～60 年。

丹顶鹤为珍稀动物，是很有价值的观赏动物。在中国，丹顶鹤已被列为国家一级保护动物；已被《中国生物多样性红色名录——脊椎动物卷（2020）》收录，评估为濒危（EN）物种。中国已建立了多个丹顶鹤自然保护区。

黑颈鹤

黑颈鹤是鸟纲鹤形目鹤科鹤属一种。主要分布于中国。繁殖于中国西藏、青海、甘肃和四川北部；越冬于中国西藏南部，云南昭通、香格里拉、祥云、丽江，以及印度北部。

黑颈鹤属大型涉禽，全长 1.1 ～ 1.2 米。颈、嘴和腿较长。通身呈灰白色，眼、头顶的裸露皮肤呈暗红色，头、颈、尾和脚呈黑色。

黑颈鹤栖息于海拔 3000 ～ 5000 米的高原草甸、芦苇沼泽和河谷沼泽地带。多成群活动，常集成几十只的大群。从天亮到黄昏，大部分时间用于觅食。主要以植物的根、颈、叶和果实为食。

黑颈鹤的繁殖期在每年的 5 ～ 7 月。通常营巢于四周坏水的草墩上或浓密的芦苇丛中，巢简陋，主要由枯草构成。每窝产卵两枚。卵椭圆形且呈暗绿色或橄榄色，上有棕褐色斑点。孵化以雌鸟为主，孵化期约为 33 天。

黑颈鹤是唯一的高山鹤种，亦是鹤类中最稀有、最珍贵的一种，为中国特有，是国家一级保护动物，已被《中国生物多样性红色名录——脊椎动物卷（2020）》收录，评估为易危（VU）物种；也是《濒危野生动植物种国际贸易公约》附录 I 中的物种。

三趾鹑

三趾鹑是鸟纲鹤形目三趾鹑科一属鸟类的统称。为鹤形目中体形最小的种类。

三趾鹑属鸟类世界有 16 种。主要分布于东半球的温带、热带地区，其中 3 种见于中国。黄脚三趾鹑为典型代表，全长约 15 厘米，体重 50 ～ 90 克。

三趾鹑体形、羽色和习性都与鹌鹑近似。腿较长，具 3 趾，后趾阙如。上体羽色呈黑褐与栗黄相杂，胸和两肋有众多的黑褐色圆斑，翅短圆，尾短。嘴形似鹑而较细弱。雌雄异形，雌鸟体较大，羽色较鲜艳。

三趾鹑栖息于草原或灌丛草地，在草丛中潜行或做短距离飞行。取食地表的植物种子、软体动物和昆虫。繁殖期一雌多雄，雌鸟主动炫耀，鸣声洪亮，并与其他雌鸟激烈争占巢区。雄鸟孵卵和育雏。由两性共同在浅穴内敷以少许干草叶筑巢。每窝产卵 4 枚。卵近梨形，呈淡灰色且密布暗紫色和褐色细斑。孵化期 12 ～ 13 天。雏鸟出壳时满被黄褐色绒羽，能立即离巢。繁殖期后常为单栖或家族群聚，迁徙时集结成大群。

黄脚三趾鹑为中国长江下游以北地区的夏候鸟，迁徙和越冬时见于中国南部各省，《中国生物多样性红色名录——脊椎动物卷（2020）》将其评估为无危（LC）物种。

鸻形目

鸻形目是鸟纲的一目。

◆ 分布与分类

鸻形目有 22 科 377 种，中国分布的有 14 科 129 种。鸻形目主要包括鸻鹬类、鸥类和海雀三大类群，分布几乎遍布全球。其中，鸻科（全球 71 种）和鹬科（全球 91 种）的种类较多。鸻鹬类为中、小型涉禽，善于涉水生活及快速飞行，喙的形态随取食方式有很大变异；鸥类擅长游泳和飞翔；海雀类为善于潜水的海洋性鸟类。鸥类曾被单独列为鸥形目，后根据形态、生态和分子生物学研究，被并入鸻形目，包括贼鸥科、鸥科、燕鸥科和剪嘴鸥科。海雀类仅有海雀科一科，为中小型海洋性鸟类，善于游泳和潜水。

◆ 形态特征

鸻形目腿较细长，胫跗部下方常裸出；后趾退化，若存在时位置较高；前趾间或具微蹼。鸻形目雌雄鸟大多羽色和形态相似，体形一般雌性略大于雄性，但在野外难以分辨；体背羽色以斑驳的黑、白、褐色为主，适于隐蔽。

◆ 生物学特征

鸻形目鸟类多栖息在海岸、河流、湖泊的岸边，奔走快捷，边走边在泥沙中啄食小型底栖动物或水生动物；非繁殖期多集群活动，伴以"di-di-"的叫声。鸻形目鸟类平时靠保护色减少天敌的威胁，遇惊时常迅速起飞。

鸻形目鸟类多在地面营巢，有的垫以砾石或干草。每窝产4枚左右的梨形卵，卵呈淡青色且具褐色斑。大多数种类雌雄轮流孵卵，孵化期20余天。雏鸟早成性雏鸟，出壳后即可跟随亲鸟活动。多数种类婚配制度为单配制，但水雉科和彩鹬科的一些种类为一雌多雄制，由雌鸟求偶炫耀并占据领域，交配、产卵后由雄鸟孵卵并育雏，这种行为在鸟类中比较少见。

鸻形目大部分种类在北半球的高纬度地区繁殖，秋季迁到低纬度地区及南半球越冬，迁徙时常集成大群。在中国黄渤海滨海地区的一些迁徙停歇地，迁徙期可见到上万只的集群。

鹬

鹬是鸟纲鸻形目中一类鸟类的统称，属于中小型涉禽。

鹬一般认为包括鸻形目的彩鹬科、蛎鹬科、鹮嘴鹬科、鹬科及反嘴鹬科的鸟类。其中，鹬科滨鹬属大滨鹬和鹬属小青脚鹬被《中国生物多样性红色名录——脊椎动物卷（2020）》评估为濒危（EN）物种，且分别被中国《国家重点保护野生动物名录》列为国家二级保护野生动物和国家一级保护野生动物；鹬科勺嘴鹬属勺嘴鹬被中国《国家重点保护野生动物名录》列为国家一级保护野生动物，被《中国生物多样性红色名录——脊椎动物卷（2020）》评估为极危（CR）物种；鹬科塍鹬

属的斑尾塍鹬和鹮嘴鹬科鹮
嘴鹬属的鹮嘴鹬被《中国生
物多样性红色名录——脊椎
动物卷（2020）》评估为近
危（NT）物种；鹬科杓鹬属
的大杓鹬被中国《国家重点
保护野生动物名录》列为国

红颈瓣蹼鹬

家二级保护野生动物，被《中国生物多样性红色名录——脊椎动物卷
（2020）》评估为易危（VU）
物种。

鹬广布于世界各地，中
国分布有54种。除繁殖期外，
鹬常集群活动于湖泊、沼泽、
滩涂、库塘、草地等多种湿
地类型，在浅水水域、无植

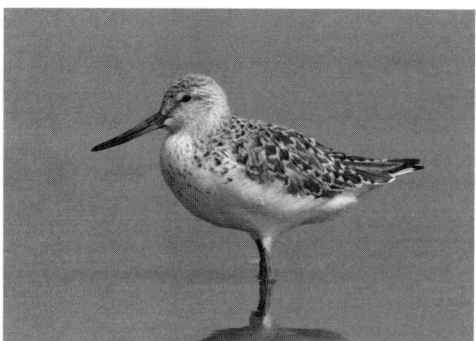
小青脚鹬

被覆盖的滩涂或低矮的植被带活动。鹬喙长短不一、形态各异，以底
栖动物和水生动物为主要食物。多数种类为候鸟，具有较强的迁徙飞
行能力。

普通燕鸻

普通燕鸻是鸟纲鸻形目燕鸻科燕鸻属的一种。因飞行时形态似燕而
得名。

◆ **地理分布**

普通燕鸻分布于欧亚大陆及大洋洲，在中国东北、西北及沿海地区为夏候鸟，迁徙时经过中国东部和南部地区。

◆ **形态特征**

普通燕鸻体长约 25 厘米。上体和头顶呈褐灰色，尾上覆羽白色，尾羽似燕子的剪刀状，基部白色，尖端黑；喉部和上胸呈淡灰且带一条黑色半环，向后由淡棕黄渐转白色。下体前棕色后白色，腋羽栗红色。

普通燕鸻

◆ **生物学习性**

普通燕鸻在绝大多数地区为候鸟，仅在热带分布的繁殖种群可能为当地的留鸟。在非繁殖季节，活动范围很大，可能与食物资源的分布有关；主要以蝗虫等昆虫为食，在飞行时用嘴兜捕取或在地面上啄取；飞行迅速，但大多仅飞 200～300 米的短距离。落地很迅速，有时几乎成垂直状；在地上常作短距离疾走。

繁殖期普通燕鸻常结成几百只的大群。鸣声尖锐，且飞且叫。繁殖于干草原、开阔的草地、干涸的冲积平原、潮间带以及收割后的稻田和休耕地等，通常临近水源。在繁殖期，将卵直接产于草地或沙土凹陷处，有时铺上草茎作垫。卵椭圆形，呈沙白色或淡灰黄色，杂以灰蓝、暗褐斑点。每窝产卵 3 枚左右。在澳大利亚主要栖息于草原和湿地，也会出现在海滩和潮间带区域。《中国生物多样性红色名录——脊椎动物卷（2020）》将其评估为无危（LC）物种。

针尾沙锥

针尾沙锥是鸟纲鸻形目鹬科沙锥属的一种。

◆ 地理分布

针尾沙锥在欧亚大陆的北部繁殖，越冬于南亚、东南亚以及中国南部，迁徙时经过中国大部分地区。

◆ 形态特征

针尾沙锥敦实而腿短，中等体形，体长约 26 厘米。嘴细长而直，尖端弯曲；头顶呈褐色，中央和两侧各有一条棕白色纵纹；后颈和背部呈红棕色且有黄棕色斑纹；喉和胸部呈黄棕白色，

针尾沙锥

额、腹等呈白色。尾羽 24 ～ 28 枚，多为 26 枚，外侧 8 对特别窄而硬、宽度不超过 2 毫米为其主要特征。

◆ 生物学习性

非繁殖期针尾沙锥常结成小群，栖息于沼泽、稻田、草地、苇蒲丛等多种生境类型。嘴坚硬，常插在泥中摄取食物；以昆虫、环节动物和

甲壳动物为食；常见于水稻田，特别在收割后的水稻田经常出没。羽色与杂草相混，不易被发现，有时从行人脚边突然飞起。

繁殖期针尾沙锥雄鸟飞翔于高空，忽然急剧下降，其尾羽发出"沙沙"声音。在芦苇、草类密生的湿地、沼泽附近的干燥地带、稻田中或田埂上都可筑巢，巢呈碗形，内垫有细根和草茎等。每窝产卵4枚。卵梨形，外表光滑，无光泽，呈灰黄色且有斑点。《中国生物多样性红色名录——脊椎动物卷（2020）》将其评估为无危（LC）物种。

凤头麦鸡

凤头麦鸡是鸟纲鸻形目鸻科凤头麦鸡属的一种。

◆ 地理分布

凤头麦鸡广布于北美洲、欧亚大陆和非洲。凤头麦鸡在中国东北、内蒙古、青海和新疆等地繁殖，主要在黄河流域及以南地区越冬，迁徙时经过中国的大部分地区。

◆ 形态特征

凤头麦鸡体形中等，全长约33厘米。头部有黑色的长而弯曲的羽冠；头侧白色；背、肩、腰羽墨绿色且带紫铜色光泽；上胸呈黑色，喉部、额部和腹部呈白色；飞羽呈黑色且带紫色光泽，有

凤头麦鸡

翼距；眼和耳区有肉垂；腿和脚趾等呈栗红色；雌鸟羽色比雄鸟稍浅。

◆ **生物学习性**

凤头麦鸡常成对或成小群栖息于河岸、沼泽地、稻田及放水后的水产养殖塘，喜在无植被或植被稀疏的开阔区域活动。以小虾、蠕虫、蚯蚓、昆虫、软体动物等无脊椎动物为食，白天和晚上均可觅食。

繁殖期凤头麦鸡在地面上浅穴内敷以少许草叶筑巢。每窝产卵 3～4 枚。卵呈土灰色且有黑褐色斑点。孵卵期 21～28 天。雏鸟早成性，出壳后即可活动，但需雌雄鸟共同照料一段时间，待幼鸟羽毛长成后，亲鸟才离开巢区。《中国生物多样性红色名录——脊椎动物卷（2020）》将其评估为无危（LC）物种。

水　雉

水雉是鸟纲鸻形目水雉科水雉属的一种。

◆ **地理分布**

水雉分布于南亚、东南亚及中国长江流域以南地区。水雉多在人类活动干扰较少的库塘、湖泊、沼泽及水稻田等湿地活动，特别喜欢具有浮水植物和挺水植物的安静区域。水雉常单独或呈松散的小群觅食，在越冬地也可形成较大的集群。

◆ **形态特征**

水雉体大，似雉，尾较长，体长 40～60 厘米。雌雄羽色类似，但雌鸟的体重和体形均明显大于雄性。飞行时白色的翼非常明显，初级飞羽特长，最外侧初级飞羽全为黑色，其他初级飞羽的端部为黑色；繁殖

水雉

羽和冬羽有明显差别；繁殖期头顶、颊、喉及前颈白色，头后为黑色；颈后金黄色，颈部两侧各有1条黑色条纹；肩及背部棕色；腰羽和尾羽黑色；翅弯处具角质的翼矩；具有长而弯曲的尾羽。在冬季，身体上原黑色部分变为褐色，尾羽较繁殖期明显缩短。

◆ **生物学习性**

水雉常在荷塘、芦荡和湖沼的开阔水域活动，趾和爪特别长，能在浮水植物或挺水植物的叶片上行走，边走边寻找食物。水雉以动物性食物为主，主要捕食昆虫等节肢动物，也取食螺类、蛙、鱼、虾等底栖动物和水生动物，此外还取食水生植物的种子。

水雉在热带地区全年均可繁殖，在中国主要在夏季繁殖，婚配制度为一雌多雄制；主要由雄鸟筑巢，多营建在菱角、睡莲和荷花等水生植物上；巢呈盘状，巢材通常为水生植物的茎叶，也有些个体不筑巢，直接将卵产在浮水植物的叶片上。雌鸟在一个繁殖季节可产 2 ～ 4 窝卵，一些个体甚至可产 8 ～ 10 窝卵。每窝产卵多为 4 枚，卵呈陀螺形。孵化期 21 ～ 28 天，由雄鸟独自孵卵和照顾幼鸟。水雉雏鸟早成性，下体白色，上体棕色并有深色条纹。雏鸟出生后很快便可行走、游泳及独自觅食，但仍需要亲鸟帮助维持体温。《中国生物多样性红色名录——脊椎动物卷（2020）》将其评估为近危（NT）物种。

海 雀

海雀是鸟纲鸻形目的一科。

◆ 地理分布

海雀在全世界有11属23种，包括海鹦、海鸦、海鸠、海雀等类群。海雀类海鸟全部生活在北半球，而且多数生活在靠近北极圈的寒冷海域，少数进入亚热带水域。中国有4属5种海雀。

◆ 形态特征

海雀是近似但又存在较大差异的一类海鸟。雌雄相似，大多翅膀短小，不善飞翔；飞行时扇翅频率较快。由于身体肥壮，尾短，腿脚短且位置靠后，站立时体态直立，身体羽色多数上黑下白，外形似企鹅。前趾间有蹼膜，后趾缺如。

◆ 生物学习性

海雀一般在海岸、海湾和海岛活动，很少进入内陆生活。虽然飞行能力较弱，但却有较强的游泳和潜水能力。潜水时，可用短小的鳍状翅膀作为推进工具。一般以浮游动物和鱼类为食，取食方式和食物种类因种而异，与其游泳能力和潜水能力有关。

大部分海雀集群繁殖，仅少数单独或零散聚集筑巢。集群数量可达上百万只；多在外海无人岛屿的悬崖峭壁营巢，巢常位于石缝或洞穴

海鹦

中，少数种类在树干上营巢。海雀婚配制度为单配制，配偶关系能维持很久，乃至终生。一般每窝只产 1 枚卵。

海 鸥

海鸥是鸟纲鸻形目鸥科的一属。中型水禽。分布几乎遍布全球水域。

海鸥嘴直而尖；背羽以灰色为主，少数有褐、黑色；前 3 趾具蹼，后趾短。栖息于海洋、河流、湖泊、沼泽等水域。主要以小鱼、甲壳类、软体动物、昆虫等水生无脊椎动物为食。营巢于海边的小岛上、内陆湖边缘地带、沼泽区域或河岸附近。巢主要由枯草和芦苇构成，巢大多紧靠水边。繁殖期在每年的 4 ～ 7 月，每窝产卵 2 ～ 5 枚，孵化期为22 ～ 28 天。

中国沿海常见海鸥种类有黑尾鸥、银鸥、红嘴鸥等。黑嘴鸥仅繁殖于中国东部和韩国南部的沿海区域。遗鸥仅繁殖于蒙古、俄罗斯贝加尔湖和中国内蒙古草原的湖泊区域。黑嘴鸥和遗鸥均已被《中国生物多样性红色名录——脊椎动物卷（2020）》评估为易危（VU）物种，被《国家重点保护野生动物名录》（2021）列为国家一级保护野生动物。

燕 鸥

燕鸥是鸟纲鸻形目鸥科的一亚科。原来归属于鸻形目燕鸥科，是与鸥类最接近的类群。全世界有燕鸥 10 属 44 种，中国有 7 属 20 种。

◆ 形态特征

燕鸥为小型至中型的鸟，体长 20 ～ 56 厘米。嘴尖细，尾呈深叉状，

因与燕尾形相似而得名。体
羽大多白色，少数灰色或黑
色；头顶多数黑色，嘴和脚
以黑色或红色为多；雌雄体
色相似，但体重不同，雄鸟
一般体重和嘴长都大于雌鸟。
燕鸥和海鸥的相同之处为分

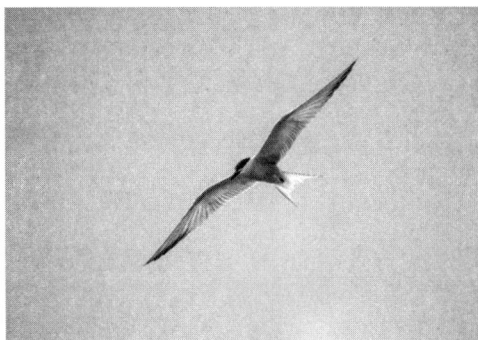
飞行中的燕鸥

布广、种类多、数量大，不同的是燕鸥体形较小，翅狭长，飞行速度较
海鸥快；脚短而细弱，趾间带蹼，不像海鸥呈深凹状。

◆ 生物学习性

　　燕鸥分布甚广，全球各大洲包括南极都有其踪迹。内陆性燕鸥的分
布偏向于湖泊、沼泽等淡水区域；海洋性燕鸥的分布受可利用食物的影
响，一般集中在大陆沿岸、珊瑚礁、河口等水生动物生产量高的地方。

　　燕鸥善于觅食，常单独或成小群觅食，觅食行为和食谱多样，喜吃
各种小型鱼类，当发现整群鱼时，会聚集在鱼群上空盘旋，从鱼群上方作
短距离的俯冲入水攫取鱼；有时漂浮在水面上啄食，有时在空中追逐或强
盗似的夺取其他鸟类所捕的鱼；摄取食物的大小取决于其嘴裂的大小。

　　燕鸥繁殖地包括内陆湖沼、江河、河口、海岸、沙滩、岩礁以及大
陆性和海洋性岛屿。大部分燕鸥都会选择适宜栖息地成群营巢繁殖。其
巢址都选在有障碍、天敌不易到达的湖中岛、河中岛、海岸岩礁峭壁或
海上岛屿。燕鸥的婚配通常是单配制。每年仅繁殖1窝。

　　燕鸥繁殖期各地有差异。生活于极地、温带和亚热带地区的繁殖

期都在夏季5～8月；生活于热带地区的，群聚繁殖种群的周期并非同时，某些岛屿的燕鸥全年各月都有繁殖。每窝产卵数因种类而异，一般为1～3枚。孵化期21～28天，育雏期约为28天。整个营巢地的产卵期可能持续2个月，后期产卵者可能是先前繁殖失败的个体。繁殖期的长短与体形有关，小型种类繁殖期可能较短，大型种类可能长一些。

中华凤头燕鸥

中华凤头燕鸥是鸟纲鸥形目燕鸥科凤头燕鸥属的一种。原称黑嘴端凤头燕鸥，因繁殖地主要在中国被改名为中华凤头燕鸥。

◆ 地理分布

根据少量的标本记录，曾推测中华凤头燕鸥在中国山东和福建沿海繁殖，在中国周边的印度尼西亚、马来西亚、泰国、菲律宾等国沿海区域越冬。在消失了63年之后，于2000年夏天在中国福建外海的马祖列岛被重新发现。已经确认的中华凤头燕鸥繁殖地包括中国浙江宁波韭山列岛、舟山五峙山列岛、台湾澎湖列岛，以及韩国全罗南道无人岛。

◆ 形态特征

中华凤头燕鸥中等体形，体长45厘米左右。嘴橘黄色，尖端黑色；额在繁殖期为黑色，冬季白色；头顶及枕部黑色，颈白色，具羽冠；上体灰白色；翼上覆羽，初级

飞行中的中华凤头燕鸥

飞羽灰白色，外侧 5 枚初级飞羽黑色或灰黑色，内翈具宽阔的白色羽缘；尾羽灰白并带褐色；下体白色；脚黑褐色。

◆ **生物学习性**

中华凤头燕鸥以上层海洋小型鱼类为食，食物主要包括小带鱼、凤鲚、圆鲹、鲱鱼、舌鳎、龙头鱼、鲚和银鱼等。常在水面上飞行或盘旋，一旦发现猎物，即以俯冲的形式入水捕食鱼类；常跟随在船只后边，取食被螺旋桨打昏的鱼类。繁殖期一般在巢周边觅食；在育雏期，亲鸟会根据雏鸟的大小选择猎物的大小。

中华凤头燕鸥常混在大凤头燕鸥群中繁殖。繁殖岛屿为两公顷以下的偏远的无人岛屿，岛上有低矮灌木、草丛或无植被。巢区一般位于岛屿外缘的草丛区、草丛和岩石交界区及裸露岩石区。一般在 5 月下旬抵达繁殖岛屿。6 月初开始产卵。巢位于裸露或有枯草覆盖的土坡和岩地。繁殖时直接把蛋下在地面上，巢间距仅 30 厘米左右，非常密集。每年繁殖一次，每窝一枚卵，极少数产两枚卵。如果第一窝繁殖失败，可产第二窝。孵化期 22 ～ 28 天，育雏期 31 ～ 35 天。中华凤头燕鸥雌雄鸟共同孵化和喂雏，孵化替换主要在晨昏时段。如无台风和捡蛋，一般会在 7 月底 8 月初完成繁殖，并逐渐离开繁殖岛屿。

◆ **种群动态与保护措施**

中华凤头燕鸥在全球的种群数量接近百只，已被世界自然保护联盟（IUCN）列为极危（CR）等级物种；《中国生物多样性红色名录——脊椎动物卷（2020）》已将其评估为极危（CR）物种；《国家重点保护野生动物名录》（2021）已将其列为国家一级保护野生动物。

人为捡蛋、台风、猛禽和蛇类捕食等是造成其繁殖失败的主要原因。自 2013 年开始，中华凤头燕鸥种群招引和恢复项目在中国浙江韭山列岛和五峙山列岛先后实施，效果显著，繁殖种群逐渐稳定，数量明显上升，为该珍稀物种的拯救和保护带来了希望。

第 8 章

鹱形目

鹱形目是鸟纲的一目。因鹱形目鸟类鼻呈管状，故又称管鼻类。鹱形目鸟类为中、大型海鸟，全世界共有信天翁科、鹱科、海燕科和鹈燕科 4 科 23 属 103 种；中国仅有前 3 科，含 9 属 16 种。鹱形目常见种有短尾信天翁和黑叉尾海燕。

鹱形目鸟类分布于世界各大海区，属于远洋性鸟类，在开阔的海面上觅食。

鹱形目鸟类外形似鸥，嘴强大具钩，由很多角质片覆盖。两翅长而尖，善于飞行，几乎终日翱翔海上。尾呈凸尾或方尾状。前趾具蹼，后趾甚小或不存在。

鹱形目鸟类为群聚性繁殖鸟类，繁殖地大多位于偏远的海岛，大型种类一般在地面营巢，小型种类倾向在洞穴中营巢。婚配关系属于单配制，配偶关系可维持数年乃至终生。每年繁殖一次，大型信天翁甚至两年繁殖一次，绝大多数种类每次仅产一枚卵。孵化期和育雏期均较其他鸟类的长。雏鸟晚成性。

白额鹱

白额鹱是鸟纲鹱形目鹱科剪水鹱属的一种鸟类。

◆ **地理分布**

白额鹱主要分布于古北界（全球生物地理区一级区划六大界之一，由撒哈拉沙漠以北的非洲、欧洲大陆、中亚以及包括西伯利亚在内的亚洲大陆北部地区组成）和东洋界（全球生物地理区一级区划六大界之一，即东南亚的陆地动物地理分区，包括秦岭以南的亚洲、印度半岛、中南半岛、马来群岛等），在太平洋西北部海洋中的岛屿上繁殖。越冬在台湾海峡、菲律宾、加里曼丹岛、摩鹿加群岛、巴布亚新几内亚等地。在中国，白额鹱分布于辽宁、山东、江西、江苏、上海、浙江、福建、香港、海南和台湾，在台湾及澎湖列岛为留鸟，在辽东半岛为夏候鸟，其余地区多数为迁徙过境。

◆ **形态特征**

白额鹱体中型，体长约48厘米，翅长约30厘米。全身灰褐色与白色搭配，嘴较细长，鼻管较短，飞羽长而窄，尾呈楔形；前额、头顶前部以及头和颈的侧部为白色，其间散布褐色纵纹，额的褐纹特别狭细；上体余部暗褐，羽端近白；两翅的飞羽和尾羽均为黑褐色，次级飞羽均具白缘；下体纯白色，无斑。

◆ **生物学习性**

白额鹱全年在海上活动，常接近水面绕圈快速飞翔，飞得极低，飞行速度极快；游泳和潜水能力突出，以鱼类和海洋无脊椎动物为食，通常取食水面浅层活动的鱼类、浮游动物和软体动物。在快速飞行中一旦发现海面浅层的鱼类、浮游动物和软体动物，会突然扎入水下进行捕食。结群在海岛上繁殖，在岩穴中或树林中的地面和草地上营巢，巢内铺垫少许枯叶。7月中旬前后为产卵高峰，每窝产卵1枚，卵白色。白额鹱雌雄共同孵育后代。孵化期约64天，育雏期66～80天。

◆ **种群动态与保护措施**

白额鹱在中国东部和东南沿海曾经较为常见，但种群数量已极为稀少。中国青岛沿海的大公岛、千里岩等岛屿都曾是该物种的主要繁殖岛屿。白额鹱已被世界自然保护联盟（IUCN）评定为近危（NT，2020）等级物种，其种群数量一直在下降，主要威胁来自哺乳动物的捕食，但下降速度尚无准确的量化。

海 燕

海燕是鸟纲鹱形目海燕科的一类海鸟。

◆ **地理分布**

海燕分布于除北冰洋外的各大洋，多分布于太平洋，少数分布于大西洋。全世界共有 8 属 20 种，中国有 2 属 4 种，即黑叉尾海燕、白腰叉尾海燕、褐翅叉尾海燕及黄蹼洋海燕。

◆ **形态特征**

海燕外形似燕，体形较小，体长只有 13 ～ 26 厘米。海燕具管状鼻，但鼻管基部融合成一管，鼻孔开口于嘴峰正中央；羽色暗灰或褐色，有些种类下体颜色较浅；翅短而圆；除后趾外均有蹼；尾长，叉形或楔形。

◆ **生物学习性**

海燕主要栖息于海上，在水面上多弹跳及俯冲，常沿水面疾飞并以脚拍击水面。繁殖期到海岸或海岛上成群营巢。巢置于岩石洞穴中，或在松软的地上掘穴为巢。每窝产 1 枚卵。繁殖期间大多在晚上活动，以小型海洋动物为食。海燕和鹱科的区别除大小和形态不同外，还在于其飞翔方式。海燕经常快速地扇动两翅沿水面飞行，用脚拍水和在水面抓猎食物，也常伴随船只飞行和捕食浮游生物。

信天翁

信天翁是鸟纲鹱形目信天翁科的统称，为大型海鸟。信天翁和鹱类、海燕合称为管鼻类。

◆ **地理分布**

信天翁有 2 属 14 种，主要分布于南半球，少数生活在北太平洋和赤道地带；中国有 1 属 3 种，即黑背信天翁、黑脚信天翁和短尾信天翁。

◆ **形态特征**

信天翁嘴端呈钩状，鼻孔在嘴的上方成两个管口。翅极长，有些种类如漂泊信天翁是翼展最大的鸟类，双翅展开可达 3 ～ 4 米。

◆ **生物学习性**

信天翁常飞离海岸很远，通常远洋航行时才能在海上看到。信天翁适应大洋生活，一生中大多数时间在海洋上度过，只在繁殖期回到陆地；在大洋的上空信天遨游，可以几个小时不用拍动翅膀。食物包括小型的鱼类、乌贼和甲壳类动物；通常在海洋表面捡拾死掉的海洋生物，尤其喜欢跟在船只后面捡拾船上扔下的食物，偶尔也会像鲣鸟一样潜水捕食，潜水的深度为 6 ～ 12 米。

信天翁的配偶制度以一夫一妻制为主，对配偶有着极高的忠诚度。信天翁寿命可达 30 ～ 60 年。大多数种类在 3 ～ 4 岁性成熟，但往往要数年之后才开始繁殖，通常繁殖年龄在 8 ～ 15 岁。主要在偏远的海岛集群繁殖。在地面上以泥土和草等筑巢。每窝仅产 1 枚卵，由雌雄鸟共同孵卵和育雏。孵卵期长达 70 ～ 80 天，是所有鸟类中最长的。育雏期也很长，大型信天翁育雏期长达 280 天以上，即便是小型信天翁，育雏期也需 140 ～ 170 天。

第 9 章

鸡形目

鸡形目是鸟纲的一目。

鸡形目鸟类体形与大小一般类似普通家鸡。嘴形平直或稍曲，全被角质，嘴基无蜡膜。两翅短圆，不善远飞，但尾羽常较发达。腿脚健壮，善奔走。雄鸟跗跖一般有距。包括 2 亚目 7 科 276 种，其中鸡亚目有齿雉科、凤冠雉科、松鸡科、雉科、珠鸡科和吐绶鸡科 6 科；麝雉亚目有麝雉科。中国有 2 科 58 种，其中有 2 个特产属 20 个特产种。

鸡形目鸟类大多数为陆栖，且是留鸟。主要取食植物，兼吃昆虫和其他小动物。小型和中型种类，一年即可达性成熟。在繁殖期间，雄性好斗，常有求偶炫耀。体形较小且羽色较平淡的种类一般是一雄配一雌，雄鸟的叫声和求偶炫耀也较简单。体形较大且雄鸟羽色华丽的种类一般是一雄配多雌，雄鸟叫声多变，求偶炫耀也较复杂。松鸡科的某些种类还有群集跑圈的集体性求偶炫耀。巢简陋，往往只在地面的凹处铺些杂草，就在上面产卵。唯角雉营巢于树上。通常年产一窝，每窝产卵 2～10 枚。卵白或土黄色，有时具斑。雏鸟早成性，孵出以后即能活动觅食。

家鸡源自原鸡。早在新石器时代，中国已开始驯化鸡。在属于龙山文化时期（约公元前 2500）的三门峡庙底沟的居民点遗址中，已发掘有鸡骨。在今湖北京山的屈家岭遗址（稍早于龙山文化阶段）中，曾发掘出陶鸡。据估计，这种陶鸡是以家鸡为模型制作的，说明当时家鸡已相当普遍。殷商时代（公元前 16～前 11 世纪）的甲骨文中已出现雉、鸡等字。《诗经》提到了百余种动物，包括雉、鸡、鹑等鸡类，也说明中国对鸡类的捕猎和饲养具有悠久的历史。自 13 世纪起，中国的野生鸡类便已传入欧洲，且有的种已在欧洲饲养驯化。21 世纪以来，中国境内野生鸡类数量逐渐减少，一些罕见和（或）特产种类已被列为国家级保护鸟类。

高原山鹑

高原山鹑是鸟纲鸡形目雉科山鹑属的一种。

◆ 地理分布

高原山鹑分布于中国、印度、尼泊尔、不丹等国海拔 2800～5200 米处。相对于高原山鹑的两个近缘种，高原山鹑是世界上分布最高的山鹑属鸟类。

◆ 形态特征

高原山鹑体长 28 厘米。白色眉纹、栗色颈圈和眼下黑斑是其典型特征。上体灰色，满布深褐色横斑；下体底色淡黄，胸部及体侧黑色鳞状斑纹十分醒目。雌雄两性身体大小和体羽相似。

◆ 生物学习性

高原山鹑栖息于灌丛稀疏的多岩石山地以及农田边缘。秋冬季节，以群体方式生活，平均群体大小为 11.4 只，多者达 30 只；从晚秋到早春，群体数量呈现下降趋势，捕食可能是导致部分个体死亡的主要原因。在寒冷的高山环境下选择在接近山体顶部海拔 4700～4900 米的地带过夜，夜宿地位于稠密的植被斑块或靠近岩壁，数只个体卧在一起，这对于夜晚保持体温、降低能量损失至关重要，是其对寒冷环境的一种适应策略。

高原山鹑的婚配制度为社会单配制。在 5 月中旬开始繁殖，巢位于地表，巢材包括灌木茎和草本植物，以及一些羽毛。每窝产卵 5～12 枚，平均重量 16.1 克。孵卵由雌鸟承担，孵卵期 23～24 天。雏鸟早成性，出壳后不久就能够自行活动，但依然需要在双亲带领下觅食和夜宿。

◆ 种群动态

高原山鹑栖息地受到人为的干扰比较小。《中国生物多样性红色名录——脊椎动物卷（2020）》已将其评估为无危（LC）物种。

雷　鸟

雷鸟是鸟纲鸡形目松鸡科一属。

◆ 地理分布

雷鸟共有 3 种，中国有柳雷鸟和岩雷鸟两种，前者分布在黑龙江流域，后者见于新疆北部。雷鸟遍布欧亚大陆北部和北美洲，从北极冻原地带直至森林及森林草原带。属典型的寒带鸟类，终年留居在严寒的北方。

◆ 形态特征

雷鸟全长约 38 厘米。同一般鸟类不同，雷鸟四季换羽。雄鸟在婚后和冬季之前，夏羽和冬羽完全更换新羽，而春羽和秋羽只是局部替换；

雌鸟每年 3 次换羽，婚前不换羽。雷鸟的冬羽与大地的银装一致，雌、雄均全身雪白。春季，雄鸟的头、颈和胸部换成有栗棕色横斑的春羽。雄鸟繁殖前还有换"婚羽"的习性，即换成华丽的羽饰来博得雌鸟的青睐。夏季，雷鸟上体又换成了黑褐色且具棕黄色斑纹。秋季，羽毛换成黄栗色。北方地势平坦，因严寒又缺乏植被，雷鸟没有天然隐蔽所，四季换羽正是生存适应和自然选择的结果，这种换羽行为成为研究物种进化与自然选择的典型例子。雌鸟羽色不如雄鸟艳丽，便于隐蔽自身和保护幼雏。

◆ 生物学习性

雷鸟由于长期在冰雪中生活，形成了一系列适应冻原生境的特性。如腿上的羽毛厚而长，一直覆盖到脚趾；脚趾周围有很多长毛，既保暖，又便于在积雪上行走而不至于下陷；鼻孔外披覆羽毛，可抵挡北极的风暴，也有利于向雪下啄取食物。雷鸟嘴粗壮而短，善挖食雪下根茎，几乎完全吃植物性食物。雷鸟以苔藓，植物的嫩芽、嫩枝和根等为主食，冬季藏在雪穴中躲避暴风雪。

雷鸟在中国的繁殖期是 4 ～ 5 月，一雌配一雄，两性共同筑巢。巢置于地面草丛中或灌木下，为椭圆形小坑，内铺少量枯枝、草叶和残羽。每窝产卵 8 ～ 12 枚，卵呈淡黄色且满布褐色斑点。

◆ 种群保护

雷鸟是重要的猎禽，在中国为国家重点保护鸟类。《中国生物多样性红色名录——脊椎动物卷（2020）》已将柳雷鸟评估为易危（VU）物种，将岩雷鸟评估为近危（NT）物种。

铜　鸡

铜鸡是鸟纲鸡形目雉科锦鸡属的一种。又称白腹锦鸡、衾鸡。分布从中国四川西部起直至缅甸东北部。

铜鸡体形较金鸡稍大，尾亦较长。雌雄异色。雄鸟全长达 1.3 米。枕冠狭长且呈紫红色；后颈披以白色而具蓝黑边缘的扇状羽，犹如披肩；头顶与上背呈金属翠绿色，各羽具黑边；下背大部呈棕黄色，只腰部转为朱红色；中央尾羽呈白色且具蓝黑色横斑；外侧尾羽内翈黑白色相杂，呈云石状；外翈大部呈黄褐色且具黑斑；两翅大部呈蓝黑色，向外渐变为黑褐色；喉呈黑色；胸与上背颜色相同；腹部呈白色。雌鸟与金鸡相似，但较大；头侧棕红色且呈眉纹状。眼呈黄（雄）或褐（雌）色，嘴和脚呈蓝灰色。

铜鸡栖息于海拔 3000 ～ 4000 米的多岩山地，常出没于灌丛与矮竹间，嗜食竹笋，兼吃各种种子、浆果、蕨叶和昆虫等。秋冬两季常结小群活动，叫声嘈杂。夏季迁至高山岩嵴间繁殖。每窝产卵 10 ～ 20 枚，卵梨状且呈黄褐色。孵化期 22 ～ 24 天。

早在 19 世纪，铜鸡就已被引入欧洲，各国动物园多有饲养，供人观赏。

原　鸡

原鸡是鸟纲鸡形目雉科原鸡属一种。又称茶花鸡。为家鸡的原祖。产于中国的云南、广西及海南。印度、马来半岛及印度尼西亚的苏门答腊岛等也有分布。

原鸡体形近似家鸡。头具肉冠，喉侧有一对肉垂，是本属独具的特征。雌雄异色。雄性羽色很像家养的公鸡，最显著的差别是头和颈的羽毛狭长而尖，前面呈深红色，向后渐变为金黄色。这些狭羽从颈向后延伸覆于背的前部，比家鸡更为华丽。尾羽和尾上覆羽呈黑色且具金属绿色，羽基呈白色，飞时特别明显。雌性与家养的母鸡相似，体形较雄性小，尾亦较短。头和颈项黑褐缀红；颈羽亦特长，轴部呈黑褐色且具金黄色羽缘。

原鸡栖于热带和亚热带山区的密林中，常至林缘的田野间觅食植物种子、嫩芽、谷物等，兼吃虫类及其他小型动物。巢营于地面稍凹隐处，铺以落叶和杂草等。在云南南部2月开始产卵，3～5月为高潮期，有的持续到10月。

C.R. 达尔文认为中国的家鸡是由印度传来，而后再从中国传入日本和欧美各国。但经中国鸟类学家考证，中国至少是与印度同时驯化原鸡，甚至很可能比印度还要早一些。

金 鸡

金鸡是鸟纲鸡形目雉科锦鸡属的一种。又称红腹锦鸡。中国特有种。分布于中国青海、甘肃、陕西、贵州、湖南、广西等地。

金鸡雌雄异色。雄鸟全长约100厘米；头具金黄色羽冠；后颈围以橙棕色扇状羽，犹如披肩；上背呈浓绿色；上体余部呈金黄色；中央尾羽呈黑褐色且布满带桂黄色的点斑；外侧尾羽具桂黄色和黑褐色相间的横斑；脸、额、喉和前颈呈锈红色；喉以下呈深红色。

金鸡雌鸟远不如雄鸟华丽。头顶和后颈呈黑褐色，杂以桂黄色；上背呈棕色且具黑褐色横斑；上体余部大部呈灰棕褐色；胸和两胁呈棕黄色且具黑色横斑；腹几乎呈纯棕色；虹膜、眼周的裸出部呈肉黄色，嘴和脚等呈角黄色。

金鸡单独或成对栖息于海拔1000米左右高山中突出的台地和陡坡，出没于矮树丛和竹林间。夜间在松树的低枝上栖宿。冬季降雪以后，由于缺少食物而结群离开深山，到雪已融化的梯田中觅食蕨类植物、麦叶、胡颓子、草子、大豆、四季豆、野蒜等，有时也啄食麦粒和玉米。4月开始繁殖。常于清晨鸣叫，彼此呼应持续很久方停。雄鸟相遇必斗，战斗相当激烈。雄鸟的性炫耀为围绕雌鸟狂奔，在接近雌鸟头侧时把两翅上下扩展，翘起尾羽、冠羽、披肩等，脖子膨大，从而将上体的全部艳美显耀出来。巢营于十分隐蔽的场所。每窝产卵10～15枚。卵椭圆形且呈浅黄褐色，光滑无斑。

褐马鸡

褐马鸡是鸟纲鸡形目雉科马鸡属一种。中国特有种，分布于河北小五台山、山西吕梁山区中部和北部以及陕西黄龙。

褐马鸡属大型鸡类，全长83～110厘米。体羽大多呈深褐色，头和颈呈灰黑色；头侧裸皮呈赤红色；耳羽呈白色，长而硬且成束状；腰和尾羽呈白色；嘴呈粉红色，脚呈红色。雄鸟具距。

褐马鸡主要栖息于中山至低山丘陵地带，常成群活动。以植物性食物为主。每年3月中旬进入繁殖期，筑巢于林下灌丛间或岩石下，巢简陋，呈盘状。窝卵数多为 6 ～ 9 枚，卵呈白色。孵化期为 26 ～ 27 天，由雌鸟孵化。

勺 鸡

勺鸡是鸟纲鸡形目雉科勺鸡属的一种。又称柳叶鸡。广布于古北界和东洋界。

勺鸡全长 55 ～ 60 厘米。雄鸟头部呈金属暗绿色且具棕褐色长形冠羽，颈部两侧有明显白色块斑，上体呈乌灰色且杂以黑褐色纵纹，下体中央至下腹呈深栗色。雌鸟体羽以棕褐色为主。嘴呈黑色，脚和趾呈暗红色。

勺鸡常栖息于海拔 1000 ～ 4000 米处的松林以及针、阔叶混交林中，特别喜欢在高低不平而密生灌丛的多岩坡地。平时成对活动，很少结群。清晨和傍晚觅食，以植物种子和果实等为食。繁殖期在 4 月末至 7 月初。一雄和一雌配对。在灌丛间的地面上筑巢，用树枝、叶、杂草及碎屑等搭成平浅的窝。每窝产卵 4 ～ 9 枚，卵呈浅黄色且杂以褐斑。

松 鸡

松鸡是鸟纲鸡形目松鸡科一属。世界有 4 种。中国有黑嘴松鸡和普通松鸡 2 种。黑嘴松鸡分布于中国东北地区，普通松鸡只见于新疆喀纳斯湖。

松鸡雄鸟全身几呈纯黑色，头和颈部具蓝紫色金属辉亮，肩和尾具白斑；雌鸟呈棕褐色且具黑色横斑。雌鸟身长约 60 厘米，雄鸟身长约

90 厘米。跗跖被羽，趾裸露。尾圆，尾羽 18 枚。外侧飞羽不呈镰刀状。

松鸡栖息于高山林带落叶松林、红松林和冷杉林中，特别喜栖于稠密的白桦林中。冬季留居阳光充足的落叶林中，也常结群去河畔游荡，严寒的时候在雪穴内过夜。以植物为食，尤嗜松、杉、桦树的嫩枝、叶和芽苞，有时也吃红松种子，夏季还吃浆果和少量昆虫，秋季吃各种草籽。

松鸡于每年 3 月下旬开始发情，5 月营巢繁殖，一直延续至 6 月。发情期的求偶炫耀很特殊，有"跑圈"的习性。如果有其他雄鸟闯入其巢区，会立即发生激烈的格斗。只有最后的胜利者才能与雌鸟交配。松鸡是 1 雄多雌，也有 1 雄配 1 雌的。交尾后，雌鸟选择距离求偶场地不远的僻静处营巢产卵。巢筑在浆果丰富的松树根下草丛、冷杉垂枝下、倒木或枯枝堆下，在地面的浅凹处铺上针叶、小枝、干草和羽毛。5 月下旬产卵，每窝 6 ～ 10 枚。卵呈淡灰至淡褐灰色，散有黄褐色斑。由雌鸟孵卵，孵化期为 24 天。雏鸟出壳后 2 ～ 3 小时即能离巢奔跑，10天后出飞。

在中国，松鸡属国家级重点保护动物。《中国生物多样性红色名录——脊椎动物卷（2020）》已将其评估为濒危（EN）物种。

斑翅山鹑

斑翅山鹑是鸟纲鸡形目雉科山鹑属一种。又称须山鹑。

斑翅山鹑体形、大小与鹧鸪相似，全长约 25 厘米。上体呈褐棕色且杂以栗色短斑，两翅表面具乳白色细纹，喉侧羽毛成须状，脸、喉与前胸呈深棕色。雄鸟前腹具大块马蹄形黑斑。嘴呈暗铅色或暗角色，脚和趾呈灰色。

斑翅山鹑习性似石鸡，但不善鸣叫。多生活在山坡、草原或草原带的树林中。通常结群觅食，主食植物种子、嫩芽，兼吃昆虫。在灌丛中的地面上营巢。6～7月产卵，每窝13～22枚，卵呈乳灰色。

鹌 鹑

鹌鹑是鸟纲鸡形目雉科鹌鹑属主供食用家禽。又称赤鹑、红面鹌鹑。简称鹑。中国古代称为鴽，北魏贾思勰所著《齐民要术》中首次出现"鹌鹑"的名称。是雉科中唯一具有迁徙习性的一属鸟类。鹌鹑在医学上常用作实验动物。

春秋战国时期，鹌鹑的肉、蛋已是宫廷宴席上的珍馐。但古时养鹑主要用以赛斗、聆鸣娱乐。野鹌鹑被驯养成为专供蛋用和肉用的家鹌鹑不过百余年历史。蛋用品种以日本鹌鹑为主，肉用品种以澳大利亚鹌鹑和美国金黄鹌鹑较有名。中国现有鹌鹑品种主要来自日本。现在世界上也以日本养鹌鹑为最多。

◆ 分布

鹌鹑分布于古北界、东洋界和热带。在中国，鹌鹑有2个亚种，普通亚种繁殖于东北地区及内蒙古东北部，迁徙和越冬则遍布华东一带，南抵海南岛；指名亚种在新疆繁殖，迁徙至西藏南部越冬。

◆ 形态特征

鹌鹑体形小，大小如雏鸡，体长约16厘米。鹌鹑外貌似鸡雏，头小。颈粗。翅长而尖。尾短。眉纹近白；上体黑褐，具棕色横斑，并杂以浅黄色羽干纹；颏和喉浅灰黄；上胸黄褐，杂以黑色锚状斑；腹部及两胁均灰白，杂以栗黄色宽阔纵纹；尾下覆羽棕白。雌雄羽色相似，但雄鸟较鲜艳。嘴角蓝色；跗跖淡黄色，无距。

◆ **生活习性**

鹌鹑习群居，喜暖怕冷，容易受惊，适宜安静环境。栖息于杂草丛生间，干燥而近水处。春季到繁殖地后开始鸣叫。主要以草籽、豆类、谷粒、幼芽等为食，兼吃昆虫和无脊椎动物。营巢于草地的干燥处。巢呈浅窝状，覆以疏松的干叶和杂草。每窝产卵 9 ～ 10 枚。卵呈黄白到浅褐色，并杂以深色斑点。迁徙时多集群。

◆ **生长繁殖**

鹌鹑 15 日龄换初级羽，30 日龄左右换永久羽。成年鹑体温41 ～ 42℃，初生鹑体温低于成年鹑 4℃左右，10 日龄后才达成年鹑体温。幼时雌雄不易区分。20 日龄后，雄鹑在颊、下颌和喉部均呈赤褐色，胸部红褐色，上有少数小黑斑点；而雌鹑的上述部位分别为黄白色和淡黄色，小黑斑点很多。30 日龄雄鹑引颈高鸣，雌鹑则不善鸣叫，声低而细。40 日龄左右，雄鹑发出求偶声，指压肛门上部球状泄殖腔腺可排出一种泡沫状分泌物，说明已发育成熟。肉用鹑体重达110 克以上时上市出售；蛋用鹑开产日龄一般为 35 ～ 60 天，年产蛋240 ～ 280 个。

鹌鹑生长发育快，饲养标准一般前期（0 ～ 21 日龄）要求饲料含粗蛋白质 20% ～ 24%，后期（22 日龄后）要求饲料含粗蛋白质 24%。此外，适量补充矿物质、维生素和微量元素等。干喂法多用全价配合饲料。湿喂时将粉料与青料加上荤汤水拌成糊状喂饲，适用于小规模饲养场和家庭饲养。笼养每平方米密度：3 周前约 150 只，3 周后 70 ～ 80 只。室温宜掌握在 10 ～ 30℃。饮水应充分，不可中断。环境宜保持卫生和安静。蛋的孵化期 17 天，孵化操作和鸡基本相似。种鹑一年调换 1 次。留种 40 日龄左右按雄 1、雌 1 ～ 3 的比例选留。被淘汰的种鹑和蛋用鹑作为肉用鹑出售。

第10章

鲣鸟目

鲣 鸟

鲣鸟是鸟纲鲣鸟目鲣鸟科鸟类的统称。

◆ 地理分布

鲣鸟全世界有 2 属 9 种；中国有 1 属 3 种，包括红脚鲣鸟、蓝脸鲣鸟和褐鲣鸟，分布于东南沿海、台湾岛及西沙群岛，是南海诸岛数量最多的鸟类。

◆ 形态特征

鲣鸟为中至大型热带海鸟。鲣鸟体长 60～85 厘米，翅长 140～175 厘米；身体呈流线型，翅窄长且尖，尾羽较长，从中央往两侧次第变短，整体呈楔形；体羽以白色或浅褐色、浅灰色为主，部分体羽带黑色或褐色；脸和喉囊裸露，眼线通常有黑色斑纹；脸部皮肤、喙、眼与足通常颜色鲜艳。嘴粗壮，长而尖，边缘呈锯齿状；上喙末端微下曲，但不弯曲成钩状；嘴峰两侧有明显的线状沟；嘴裂大，延伸至眼的后部。外趾和内趾比中趾长；全蹼足，即 4 趾之间均具蹼，有些种类的蹼颜色鲜艳。尾脂腺发达，分泌的油脂具防水功能。

◆ **生物学习性**

鲣鸟主要栖息于开阔的热带和温带海区，通常集群觅食，从高处俯冲入海，入水深度 1 ～ 2 米，捕捉鱼类和鱿鱼等。有些种类会追随渔船以获取人们抛弃的副渔

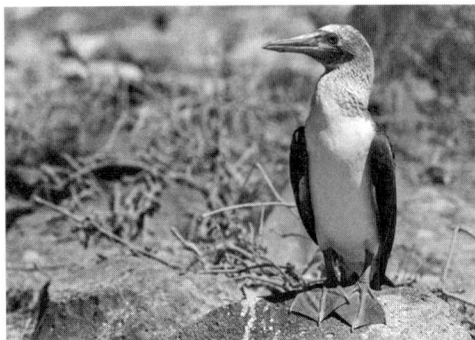

蓝脸鲣鸟

获物或鱼饵。渔民也常跟着鲣鸟追捕鱼群，所以又称鲣鸟为"导航鸟"。

鲣鸟繁殖期集群营巢于海岸和海岛上，大多营地面巢，红脚鲣鸟是唯一在树上筑巢的鲣鸟。每窝产卵 1 ～ 3 枚，双亲共同育雏。

红脚鲣鸟

红脚鲣鸟是鸟纲鲣鸟目鲣鸟科鲣鸟属的一种。

◆ **地理分布**

红脚鲣鸟有 3 个亚种，广泛分布于加勒比海、大西洋、太平洋和印度洋北部的热带海域，属于远洋性海鸟。中国有 1 个红脚鲣鸟亚种，即西沙亚种，在西沙群岛繁殖，冬季可到中国东南沿海、香港和台湾等地附近的海域。

◆ **形态特征**

红脚鲣鸟体形较小，体长 66 ～ 77 厘米，翼展 134 ～ 150 厘米；雌雄体形差异不大。体羽以白色为主，雄鸟两翅黑褐色，雌鸟背、腰与尾上覆羽灰褐色，尾羽先端白色；虹膜灰褐色，常具浅色外环。两翅

尖长，善飞行，初级飞羽 11

枚，第一枚初级飞羽最长，

第五枚次级飞羽缺如；尾羽

12～18 枚，呈楔形；跗跖

较短。脸侧裸露，呈皮黄色；

嘴灰蓝，基部粉红或稍缀红

色；脚红色。

红脚鲣鸟

　　红脚鲣鸟主要有以下 4 种色型：①白色型。除飞羽黑色外，总体呈现白色。②黑尾白色型。尾黑色，其余与白色型接近。③褐色型。总体呈现褐色。④白尾褐色型。腹部和尾部白色，其余接近褐色型。此外，还有一些中间色型。各种色型的红脚鲣鸟中，以白色型分布最为广泛。

◆ 生物学习性

　　红脚鲣鸟具有长距离游荡觅食的习性，可飞往距群体栖息地 150 千米以外的区域觅食；主要以鱼类和乌贼为食；一般采取集体捕食的策略，通过俯冲式潜水捕获食物，亦可于水下潜泳追赶猎物。潜水深度通常小于 1 米，最深可达 5 米；有时也在飞行中捕捉飞鱼；有夜间捕食的习惯，当鱿鱼在夜间浮出水面时，红脚鲣鸟可凭借月光的照耀整晚捕食。捕食过程中常受到军舰鸟的偷袭。

　　红脚鲣鸟在植被茂盛的热带海岛上繁殖，以面积较小的珊瑚岛和火山岛为主；营巢于石滩或岛屿的矮灌木和乔木上，偶尔亦在地面筑巢；中国西沙群岛的东岛岛屿面积约 1.55 平方千米，是红脚鲣鸟典型的繁殖地。为群居性繁殖物种，婚配制度为合作式一雌多雄制；通常形成庞大的繁殖群体，巢由树枝搭建而成；雌雄共同筑巢，每窝产卵 1 枚，孵化期约 45 天。育雏期较长，雏鸟绒羽为白色，100 ～ 139 天幼鸟羽翼丰满，之后一般仍需双亲照料约 190 天。

◆ 种群动态

在世界范围内，红脚鲣鸟种群数量较大，无明显受威胁迹象。在中国，红脚鲣鸟于 2021 年被列入《国家重点保护野生动物名录》，为国家二级保护野生动物；《中国生物多样性红色名录——脊椎动物卷（2020）》将其评估为近危（NT）物种。

褐鲣鸟

褐鲣鸟是鸟纲鲣鸟目鲣鸟科鲣鸟属一种。

褐鲣鸟分布整个热带海洋。中国西沙群岛有褐鲣鸟繁殖记录，冬季北抵台湾和上海沿海一带。

褐鲣鸟体形较大，全长 71 ～ 87 厘米。嘴大而尖，端部具明显锯齿缘。雄性成鸟的嘴、眼周、喉囊裸露皮肤呈黄绿色；上体包括头、后颈、背和尾等大都呈褐色；下体除胸和前颈为褐色外，全呈白色；脚呈淡黄色。雌雄成鸟羽色相同；半成体羽毛全呈褐色，但腹部显然比胸部淡。

褐鲣鸟喜群居，叫声洪亮；直接在地上用沙石堆积成巢，内铺以薄层羽毛、鱼骨等；每窝卵 1 ～ 2 枚，卵呈白色。

在中国，褐鲣鸟于 2021 年被列入《国家重点保护野生动物名录》，为国家二级保护野生动物。

第11章

鹃形目

鸦鹃

鸦鹃是鸟纲鹃形目杜鹃科鸦鹃属种类的统称。共有28种，分布于非洲、东南亚以及印度、澳大利亚、中国。中国只有褐翅鸦鹃和小鸦鹃2种，见于长江以南地区。头羽的羽干坚硬如刺；习性地栖；后趾的爪形延长而直；全长37～52厘米。

褐翅鸦鹃全长约52厘米。除两翅和肩呈红褐色外，通体呈黑色。初级飞羽先端呈暗褐色。雌鸟和雄鸟相似，但体色较暗。栖息在灌丛、草丛或竹林中。在中国海南省，则多在溪边的浓密芦苇丛中，喜在芦苇梢头晒太阳和在芦苇丛中跳动觅食。两翅短圆，不善飞行。性机警，喜隐蔽，受惊即钻入草丛，不易发现。以黄蜂、甲虫、毛虫、蝗虫、蚱蜢、小蜥蜴、蛇、田鼠、蚯蚓和其他小动物以及鸟卵为食。在草丛、灌丛、芦苇、竹林以及攀缘植物中营巢，巢用细枝、树叶、干草或芦苇等构成，呈圆球状。每巢产卵3～4枚。它们因取食农林害虫而有益。由于大量猎杀，种群数量急剧下降。属国家重点保护动物。

杜 鹃

杜鹃是鸟纲鹃形目杜鹃科鸟类的统称。有时专指杜鹃属。又称布谷鸟、子规、杜宇。

杜鹃为世界性分布鸟类，共 28 属 136 种。中国有 7 属 17 种，分布于全国各地，在长江以南最普遍。全长 16 ～ 70 厘米。外形似鸽，但稍细长。嘴强，嘴峰稍向下曲。尾长阔，呈凸尾状。脚短弱，具 4 趾，第 1、4 趾向后，趾不相并。雌雄外形大体相似，幼鸟羽色与成鸟不同。

中国常见种是四声杜鹃。头顶和后颈呈暗灰色；头侧呈浅灰，眼先、额、喉和上胸等色更浅；上体余部和两翅表面呈深褐色；尾与背同色，但近端处有一宽黑斑。下体自下胸以后呈白色且杂以黑色横斑，与大杜鹃相仿。常隐栖树林间，平时不易见到。叫声格外洪亮，四声一度，音拟"快快布谷"。每隔 2 ～ 3 秒钟一叫，有时彻夜不停。杂食性，主要以松毛虫、金龟甲及其他昆虫为食，也吃植物种子。不营巢，常在灰喜鹊、红尾伯劳等鸟类的巢中产卵，卵与寄主卵的外形相似。见于中国东部沿海地区，从东北直至海南省；国外广泛分布于东南亚。因嗜食昆虫，尤其是毛虫而对农林业有益。

杜鹃科的翠金鹃、紫金鹃已被《中国生物多样性红色名录——脊椎动物卷（2020）》评估为近危（NT）级别物种。

第12章

鴷形目

大斑啄木鸟

大斑啄木鸟是鸟纲鴷形目啄木鸟科斑啄木鸟属的一种。又称花啄木鸟、啄木冠、卉鴷。分布于欧亚大陆和北美洲。中国除西藏和台湾地区外，各地均可见到。常见于山地与平原园圃、树丛和森林间。

大斑啄木鸟全长约22厘米。体色上黑下白，翅黑而有白斑，尾下红色；雄鸟后头有红斑。脚具4趾，2趾向前，2趾向后，均有锐爪，适于攀缘树木。尾羽的羽干刚硬如棘，能以其尖端支撑在树干上，协助脚支持体重。嘴强直如凿。舌细长，能伸缩自如，先端生有短钩，并有黏液。

大斑啄木鸟常攀缘树干，用嘴急促地叩击树皮，当察觉到树干内有虫时，即啄破树皮，用舌探入，将虫钩出而食。飞行时两翅一展一合，有节奏地升降，略呈波浪状。常在飞翔中发出尖锐的叫声。每年繁殖期间，啄凿腐朽的树干为巢洞。每窝产卵4～5枚，卵呈纯白色。雌雄共同孵卵，孵化期10～12天，育雏期23～30天。

大斑啄木鸟能啄食钻在树干深处的害虫，如天牛幼虫、吉丁虫等，对防治林木害虫有重要的作用。中国已将其列入《国家保护的有益的或者有重要经济、科学研究价值的陆生野生动物名录》。

拟啄木鸟

拟啄木鸟是鸟纲䴕形目须䴕科一属。有24种，主要分布于印度半岛、中南半岛，以及印度尼西亚和中国。中国有8种，主要见于华南地区。

拟啄木鸟一般呈绿色；嘴强，嘴峰圆；嘴基周围的嘴须中等长，有些种几乎完全延伸至嘴的尖端；鼻孔被羽毛和鼻须掩盖或裸露；眼周有裸斑；翅圆；尾为平尾或凸尾。两性相似。常见种为蓝喉拟啄木鸟。全长约23厘米，通体呈绿色，头顶有两块朱红色斑，喉部呈浅蓝色。翅和尾均短，飞行迟钝。

拟啄木鸟为树栖性鸟，生活在海拔2000米以下的山谷、丘陵、平原的次生阔叶林或树落旁林带。当太阳初升，便忙碌地飞到果树上觅食。多单独活动，即使在繁殖幼鸟出巢后，成鸟与幼鸟的群集亦不久。常隐匿在乔木的密叶丛中鸣叫，鸣声清脆响亮。食物以野果为主。

拟啄木鸟在4～5月繁殖。在阔叶林、混交林或开阔林寨的枯树上营巢。每窝产卵3～4枚。卵长椭圆形，呈纯白色。雌雄轮流孵卵。

因羽色美丽，鸣声悦耳，易于饲养，在分布区数量很多，故为很有发展前途的观赏鸟。

三趾啄木鸟

三趾啄木鸟是鸟纲䴕形目啄木鸟科的1属。因脚具三趾而得名。全世界只有 2 种，分布于欧洲、亚洲和美洲。中国只有一种，即三趾啄木鸟，见于东北、西北和西部。

三趾啄木鸟体中型。鼻孔被羽毛掩盖，鼻羽黑褐而杂以白色。头顶前部羽端金黄色，头顶后部、头侧和后颈辉蓝黑色；眼后上方有白色眉纹；背和腰白色，缀以黑纹；肩和尾上覆羽黑褐色；翼上覆羽和飞羽亦黑褐色，飞羽的内外翈和先端均具白斑；尾黑色。下体几纯白，尾下覆羽具黑色羽基。性敏捷，常单个或成对在落叶松间或云杉林中活动，啄食树干中的成虫和幼虫。三趾啄木鸟已被中国《国家重点保护野生动物名录》列为国家二级保护动物。

蚁䴕

蚁䴕是鸟纲䴕形目啄木鸟科一属。共有两种。分布西起英国，东至日本，南至赤道非洲、印度、东南亚。中国只有一种，几乎见于国内各地。中国所产的蚁䴕上体大都银灰色，满杂以黑褐色细斑和粗纹，犹如蛇蜕或老树皮状。下体近白色，前部和两胁均具横斑。

蚁䴕全长约 17 厘米。嘴中等长，成尖锥形；鼻孔大，具鼻膜；羽毛柔软，褐灰色；尾羽柔韧。迁徙时常停在开阔林地的树上。性孤独，多单个活动，有时 2 ～ 3 只在一起。脚适于攀登，犹如啄木鸟，但常在地面觅食。在地面行走时，像麻雀一样跳跃，但尾巴向上翘。常伸展颈部向各方扭转，故俗称"歪脖"。飞行迟缓，突降突升。嗜食蚁类。舌长，先端具钩，并有黏液，能伸入树洞或蚁巢中取蚁。在树洞中营巢。每窝产卵 6 ～ 12 枚。

第13章

企鹅目

　　企鹅目是鸟纲的一目。企鹅是一类善于游泳而没有飞翔能力的中、大型海鸟。

　　企鹅前肢发育成为鳍脚，适于划水。具鳞片状羽毛，羽轴宽而短，羽片狭窄而密接，均匀分布于体表。骨骼沉重而不充气，胸骨具有发达的龙骨突起，内含有多脂肪的骨髓。尾羽短。跗跖短，并移至躯体后方。跗间具蹼，适应于游泳生活。在陆地上行走时，躯体近于直立，左右摇摆。嘴峰长而薄，并稍弯曲，在嘴端明显形成钩状。上嘴的角质部由3～5个角质片组成。舌表面布满钉状乳头，适于取食甲壳类、乌贼和鱼类等。

　　企鹅共有6属17～18种，分布范围从南非到南美洲西部以及南极洲沿岸。企鹅化石的发现地点与现在企鹅的分布区基本一致。著名种类有：①小企鹅属。体长40～42厘米。主要在夜间活动。本属有小企鹅和白鳍小企鹅。②王企鹅属。分布从南极洲直到南温带。本属有帝企鹅和王企鹅。③阿德里企鹅属。体长72～75厘米。本属有阿德里企鹅、南极阿德里企鹅和巴布亚阿德里企鹅。④角企鹅属。有羽冠。体长70～72厘米。本属有马可罗尼角企鹅、直冠角企鹅、凤冠企鹅、设得兰岛角企鹅和角企鹅。⑤企鹅属。体形小或中等。本属有黑脚企鹅、麦哲伦企鹅、秘鲁企鹅和加拉帕戈斯企鹅。⑥黄眼企鹅属。体长 75 厘米；体重 5.2 千克。本属有黄眼企鹅。

王企鹅

王企鹅是鸟纲企鹅目王企鹅属的一种。世界上现存最大和最重的海鸟。主要分布于南极洲及其附近岛屿。

王企鹅全长约 96 厘米。嘴峰长而纤细，明显向下弯曲。颈侧有一明显橘黄色斑块，具鳞片状羽毛，并储有很厚的脂肪。在配育时，头侧色斑十分明显。王企鹅在南纬 66°～ 77°南极大陆沿岸的冰上繁殖。一般很少离开南极大陆，偶尔在追逐幼鸟时游至马尔维纳斯群岛和新西兰的南部地区。秋季开始产卵。产卵后，雌鸟很快进入海洋，雄鸟在冬季单独担任孵化任务。为保持一定温度，常常集群，其间雄鸟约有 90 天（包括 62～ 64 天孵卵期）完全不进食。

幼鸟孵出后，雌鸟返回原地，以鸣声找到雄鸟。然后，雄鸟去海洋捕食，需经 14～ 24 天恢复原来的体重。幼鸟最初发育较慢，到夏季食物丰富时加快生长，过 5 个月，即第二年初，开始到海洋中生活。亲鸟在下次繁殖前换羽，持续 35～ 40 天，其间不进食。3～ 4 月准备开始繁殖。雄鸟孵卵时常把卵置于脚上，并以由下腹部垂下的袋状皮褶覆盖脚面。

王企鹅虽然步行笨拙，但遇到敌害时可将腹部贴于地面，以双翅快速滑雪，后肢蹬行，速度很快。

第 14 章

雀形目

䴓

䴓科是鸟纲雀形目的一科。

◆ **地理分布**

䴓科共有 4 属 25 种，广泛分布于欧洲、亚洲、大洋洲、北美洲和南美洲等地；中国有 2 属 12 种，在各省（自治区、直辖市）均有分布。䴓科鸟类常见种有黑头䴓、普通䴓、红翅旋壁雀等。

◆ **形态特征**

䴓科鸟类为小型鸣禽，两性相似。嘴强而直，多呈圆锥形，有些种类如旋壁雀嘴微向下弯，上嘴边缘光滑或有一个小的缺刻，嘴长几等于头长或较头稍长，具嘴须。鼻孔被羽、须遮盖。翅形尖长，第一枚初级飞羽的长度几等于或不及第二枚的一半。尾短而柔软，呈方形或稍呈圆尾状，尾羽 12 枚。跗跖前缘具盾状鳞，后缘光滑。脚强，后趾发达，与外趾等长，远较内趾为长，后趾和爪有力而内趾和爪变小。

◆ **生物学习性**

䴓科鸟类主要栖息于山地森林中，善攀缘，多活动在树冠层，有时也沿树干攀缘至树下部，个别种类栖于土坡或岩壁上；主要以昆虫和虫卵为食，偶尔也啄食坚果；营巢于树洞中，多有以泥土涂抹洞口的习性。

普通鸸

普通鸸是鸟纲雀形目鸸科鸸属的一种。又称茶腹鸸、欧亚鸸、林鸸、蓝大胆、穿树皮、松枝儿、贴树皮等。

◆ 地理分布

普通鸸共有 23 个亚种，中国有 4 个亚种，其中黑龙江亚种在中国分布于黑龙江、吉林东部、辽宁南部、河北东北部和北京等地，在国外分布于朝鲜和日本；东北亚种在中国分布于黑龙江西北部、内蒙古东北部，在国外分布于俄罗斯东部、日本北海道等地；华东亚种为中国特有，分布于北京、河北、山西、河南、山东、陕西南部、甘肃西北部、四川、贵州、云南东北部、湖北、湖南、安徽、江西、江苏、浙江、福建、广东东北部、广西、台湾等地；新疆亚种也是中国特有，分布于新疆北部和东部哈密。

◆ 形态特征

普通鸸为小型鸣禽，体长 11 ～ 15 厘米。雄鸟有一条黑纹由鼻孔处贯眼而过延伸到颈侧；上体纯蓝灰色；中央一对尾羽与上体同色，其余尾羽为黑色，有蓝灰色末端；飞羽暗褐色，有一白斑；颏、颊和眼下若干羽毛为白色，颈侧和下体余部为肉桂色，胁部沾栗色；翼缘为肉桂红色；尾下覆羽栗色，各羽有一楔形白色端斑。雌鸟与雄鸟相似，但胁部及尾下覆羽的栗色较淡；虹膜暗褐色或褐色；上嘴灰蓝色，先端黑色，下嘴基部角灰色，端部灰褐色；跗跖肉褐色。

◆ **生物学习性**

普通鸸为留鸟。主要栖息于针阔叶混交林、针叶林和阔叶林中，冬季也出现于低山丘陵、山脚平原、路边、果园和居民点附近的树林内，栖息高度可达海拔 3500 米的高山林带。除繁殖期单独或

普通鸸

成对活动以及繁殖后期成家族群活动外，其他季节多单独或与其他小鸟混群。

普通鸸性活泼，行动敏捷，善于沿树干直线向上或呈螺旋形绕树干向上攀缘，也能头朝下向下攀爬，常从一棵树干上部飞落到另一棵树干中部或下部，而后向上攀爬。边爬边敲啄树木，觅食树皮缝隙中的昆虫。主要以鞘翅目、鳞翅目、半翅目和膜翅目昆虫为食，也吃少量蜗牛、蜘蛛等其他无脊椎动物，植物性食物有红松子、麻子、玉米等。

普通鸸繁殖期在 4～6 月。营巢在溪流沿岸或潮湿而开阔且有老龄树木的混交林内，在啄木鸟废弃的树洞或自然树洞中，洞口距地多在 3～10 米；洞口通常用泥堵抹成圆形，内垫有树叶和柔软的树皮；每窝产卵 6～12 枚，卵呈粉白色，密被紫褐色斑；孵卵由雌鸟承担，孵化期 17 天；雏鸟晚成性，育雏期 18～19 天。

◆ 种群动态与保护措施

普通鵟在中国分布较广，种群数量较多，是中国林区常见的一种食虫鸟类，大量捕食各类森林害虫，在森林保护中意义很大。已有部分地区将普通鵟列入地方重点野生动物保护名单。中国已将普通鵟列入《有重要生态、科学、社会价值的陆生野生动物名录》。

河 乌

河乌是鸟纲雀形目的一科，属于雀形目鸟类中能在水中生活的种类。

河乌科鸟类共1属5种，分布于亚洲、欧洲、非洲、拉丁美洲。中国仅见河乌和褐河乌2种，其中河乌又称普通河乌。在中国，河乌分布于新疆、甘肃、青海、西藏、云南、四川等西部地区。

河乌体长16～20厘米；嘴形似鸫或较细，无嘴须，鼻孔为膜掩盖；体羽紧密；最外侧初级飞羽较短；尾短。头顶至上背咖啡色，颏及喉至上胸具白色的大斑块。上体余部石板灰色，羽缘和羽中央浓暗；翅暗褐色，外缘呈石板灰色；次级飞羽具白端。尾石板灰色。下体余部黑褐色，腹部中央和尾下覆羽，羽端白色。

河乌栖息活动于山间河流两岸的大石或倒木上，单只或成对沿河流上下飞行，在石上停息时常有屈腿下蹲、点头、翘尾等动作。主要在水中取食，以水生昆虫及其他水生小型无脊椎动物为食。每年在4～7月繁殖。巢呈半球状或碗状，筑于岩石突出处或石头缝隙，巢材为草茎、苔藓、树皮、树叶和兽毛等。每窝产卵4～5枚，由雌鸟孵卵。雏鸟于16～18天出壳，由雌雄鸟共同育雏，雏鸟约23日龄离巢。

褐河乌通体几乎纯黑褐色，上体沾朱古力光泽，眼圈部分呈白色。栖息于山谷溪流间，多成对活动；也见于大江沿岸，常逆水流、贴水面作短距离飞行；在水边岩上站立时，脚部稍弯，头向下俯，尾向上翘，并不时上下摆动。有时从空中俯冲入水中，有时从溪边步入水中，用强健的腿在水下走动，觅食水生昆虫、小鱼虾、甲壳类等，在岸上也啄食其他昆虫和植物种子。巢通常筑在靠近水流的洞穴中，有时在瀑布下面的岩洞中营巢，以苔藓、地衣等构成，内垫以干草，树叶等。巢呈球状或碗状。每窝产卵 4～6 枚，卵白色。由雌鸟孵卵，孵化期约 15 天。雏鸟约 21 日龄离巢。

河乌和褐河乌在《世界自然保护联盟濒危物种红色名录》中均被评估为无危等级；在中国，河乌已被列入《有重要生态、科学、社会价值的陆生野生动物名录（2023 年）》。

鹩 哥

鹩哥是鸟纲雀形目椋鸟科鹩哥属的一种。又称了哥、秦吉了、海南八哥、九宫、九宫哥、秦吉鸟、山地八哥等。

◆ 地理分布

鹩哥共有 7 个亚种，分布于印度北部和中南半岛一带，中国仅分布 1 个亚种，即华南亚种，见于云南西部的盈江和南部的西双版纳、广西西南部、广东、澳门、香港和海南岛。

◆ 形态特征

鹩哥为中型鸣禽，体长 27～30 厘米。雌雄羽色相似，通体黑色，头部和颈部具紫黑色金属光泽；眼先和头侧被以绒黑色短羽，头顶中央羽毛硬密而卷曲，眼下有一橙黄色裸皮，与之相连的有一黄色肉垂，自眼下开始向后经头侧延伸到后枕部；背、肩具金属紫

鹩哥

黑色光泽，腰和尾上覆羽具绿黑色光泽，两翅和尾羽黑色而少光泽；初级飞羽基部白色，形成一宽阔的白色翅斑；额、喉蓝黑色，其余下体黑色，羽缘紫黑色具金属光泽；虹膜褐色，带有一白色外圈；嘴橙黄色，头侧肉垂和裸皮黄色；脚亮黄色。

◆ **生物学习性**

鹩哥为留鸟。主要栖息于低山丘陵和山脚平原地区的次生林、常绿阔叶林、落叶阔叶林、竹林和混交林中，尤以林缘疏林地区较常见，也见于耕地、旷野和村寨附近的小块树林中；常成 3 ～ 5 只的小群活动，冬季则多集成 10 ～ 20 只的大群；鸣声清脆、响亮而婉转多变，繁殖期间更善鸣叫，常常彼此互相呼应。主要以蝗虫、白蚁等昆虫为食，也吃无花果、榕果等植物果实和种子。

鹩哥繁殖期在 3 ～ 5 月；营巢于稀疏杂木林、致密的常绿林，或在开阔地区和作物区的老朽的树洞内；巢中仅堆砌一些枯叶、野草、稻草、树枝、蛇蜕等。每窝产卵 2 ～ 3 枚，卵呈长椭圆形，端部或钝或尖，呈带绿的蓝色，并有不同程度浓淡的咖啡色至红褐色斑点。孵化期

15 ～ 18 天。雌鸟孵卵，雄鸟护巢。育雏期 1 个月左右。

◆ **种群动态与保护措施**

　　由于鹩哥是传统的观赏鸟类，导致它被人类过度捕捉，再加上栖息环境恶化等原因，致使其分布区日益狭小、种群数量日趋减少。在中国，曾有分布记载的广西南部已未见有任何报道，或许已在广西境内绝迹；在云南的野外数量也很稀少，仅在海南岛还有一定种群数量。在中国，该物种已被列入《国家保护的有益的或者有重要经济、科学研究价值的陆生野生动物名录》；且于 2021 年被列入《国家重点保护野生动物名录》，为国家二级重点保护野生动物；《中国生物多样性红色名录——脊椎动物卷（2020）》将其评估为易危（VU）物种。国际上，鹩哥已于 2019 年被列入《濒危野生动植物种国际贸易公约》（CITES）附录 Ⅱ 中，属于控制商业贸易的鸟类，所有活体或标本的出口必须事先取得 CITES 履约主管部门的出口许可证。

长尾山雀

　　长尾山雀是鸟纲雀形目长尾山雀科的一属。

　　长尾山雀体形较小，体长 9 ～ 16 厘米。雌雄相似，嘴短而粗厚，翅短而圆，尾巴较长。体羽蓬松，绒羽发达，羽毛丰满。

　　长尾山雀主要栖息于森林中，以针阔混交林和阔叶林较常见。主食昆虫、蜘蛛等节肢动物，也吃少量植物种子和嫩芽，常小群活动。营巢于树上或灌丛中，巢为口袋状，开口于侧面上方。中国有 1 属 6 种，其中以银喉长尾山雀和红头长尾山雀较为常见。繁殖时部分种群存在合作繁殖行为。

银喉长尾山雀在全世界有 10 余个亚种，在中国有 2 个亚种：①指名亚种。分布于河南南部、山西南部、甘肃、湖北南部、湖南北部、安徽、江苏和浙江等地。其外形似华北亚种，但头顶中央纵纹较宽且为黄灰色，头侧和下体略呈棕色，体形略小。②华北亚种。在河北、北京、天津、山东、山西、陕西、宁夏、甘肃、内蒙古、青海、新疆、云南和四川等地有分布。其头顶中央至枕部灰白色微沾葡萄红褐色，头顶两侧和枕侧灰黑色，形成两条宽阔的黑色侧冠纹和污白色中央冠纹。前额、眼先、颊和颈侧灰白色微沾葡萄红褐色，背至尾上覆羽蓝灰色，翅黑褐色，尾黑色。颏、喉污白色，喉部中央有一灰黑色块斑。在中国分布于东北地区，头部纯白色，背部黑色，肩和腰部葡萄红色。羽端白色，尾上覆羽，尾羽黑色，下体白色，腹部和两胁沾葡萄红色，尾下覆羽暗葡萄红色。该亚种连同国际上其他银喉长尾山雀的亚种一起被划归为一个独立物种，即北长尾山雀。

北长尾山雀

中国已于 2000 年将银喉长尾山雀列入《国家保护的有益的或者有重要经济、科学研究价值的陆生野生动物名录》。

红头长尾山雀主要分布于中国华南、华中地区以及缅甸、尼泊尔等国。在中国有指名亚种、云南亚种及西藏亚种 3 个亚种。其主要特征为头顶及颈背棕色，过眼纹宽而黑，颏及喉白且具黑色圆形胸带，下体白而具不同程度的栗色。指名亚种胸带和两胁辉栗色，胸带较宽；云南亚种胸带和两胁较暗栗，胸带较窄；西藏亚种胸部无栗带，且眉纹白色。

冕　雀

冕雀是鸟纲雀形目山雀科冕雀属的一种。

◆ 地理分布

冕雀共有 4 个亚种，中国有 3 个亚种。冕雀指名亚种在中国分布于云南西部的盈江、耿马、西盟和南部的勐海、勐腊、景洪等地，国际上分布于尼泊尔、孟加拉国、印度阿萨姆、缅甸和泰国北部；华南亚种在中国分布于福建南坪、福州和广西龙州等地，国际上分布于中南半岛；海南亚种在中国分布于海南岛尖峰岭、吊罗山、五指山、霸王岭等地，国际上分布于缅甸南部、马来西亚和印度尼西亚苏门答腊等地。

◆ 形态特征

冕雀为小型鸣禽，体长 17 ～ 20 厘米。雄鸟头顶、冠羽、腹部和尾下覆羽辉黄色，余部黑色；雌鸟额、羽冠和腹部黄色较雄鸟稍淡而暗，头部、颈、背、腰和尾上覆羽呈亮橄榄绿色。颏、喉、胸呈暗黄褐色。翼和尾羽黑而微沾绿色。虹膜暗褐色或红褐色。嘴黑色。脚暗铅色。幼鸟和雌鸟相似，但羽冠不及成鸟长而显著。

◆ 生物学习性

冕雀为留鸟。主要栖息于海拔 1000 米以下的常绿阔叶林和热带雨林中，也栖息于落叶阔叶林、次生林、竹丛和灌丛；常单独或成对活动，偶尔也集成 3 ～ 5 只的小群，冬季有时也和雀鹛、噪鹛等其他鸟类混群；常在树顶枝叶间跳跃穿梭或在树冠间飞来飞去，也在林下竹丛和灌丛中活动和觅食；主要以鞘翅目、鳞翅目昆虫为食。

冕雀繁殖期在 4 ～ 6 月；营巢于天然树洞或树的裂缝中，也在墙壁缝隙中营巢；巢呈杯状，主要由苔藓、草叶、草茎等材料构成，内垫有兽毛和植物纤维；每窝产卵 5 ～ 7 枚，卵呈白色、被有红色或褐色斑点。

◆ 种群动态与保护措施

冕雀主要以昆虫为食，属于益鸟，在植物保护中有较大作用。冕雀在中国虽然尚有比较稳定的种群数量，但分布区域较为狭窄，还需要加强保护。冕雀已被列入《国家保护的有益的或者有重要经济、科学研究价值的陆生野生动物名录》。此外，还有部分地区将其列入地方野生动物保护名单。

鹪鹩

鹪鹩是鸟纲雀形目鹪鹩科鹪鹩属的一种。

◆ 地理分布

鹪鹩分布于美洲、欧洲、亚洲及非洲北部，共有 44 个亚种。在中国，鹪鹩有 7 个亚种，分布于大多数地区。鹪鹩为留鸟或冬候鸟。

◆ 形态特征

鹪鹩为小型鸣禽，体长 10 ～ 13 厘米，两性相似。头侧浅褐，杂棕白色细纹；眉纹浅棕白色；上体棕褐色，下背至尾以及两翅满布黑褐色横斑；下体浅棕褐色，自胸以下亦杂以黑褐色横斑，尾常上翘。

◆ **生物学习性**

鹪鹩栖息于森林边缘、灌丛、农田、果园等生境；一般单独、成双或以家庭集小群进行活动。性活泼而胆怯，鸣声清脆响亮；夏天在3900米的山顶也能见到，冬季下移到平原和丘陵地带，主要取食蛾类、天牛、小蠹、象甲、蝽象等无脊椎动物。栖止时，常从低枝逐渐跃向高枝。

鹪鹩繁殖期在4～8月；雌雄鸟共同筑巢，巢多筑在小溪和河流岸边阴暗潮湿的树根下，或在岩石、建筑物、倒木等的缝隙中，以细枝、松针、草叶、树叶、苔藓、羽毛、兽毛等物交织而成，

鹪鹩

呈深碗状或球形；每窝产卵4～6枚，卵呈白色，杂以褐色和红褐色细斑。由雌鸟单独孵卵；雏鸟经13～14天孵化后出壳，由雌雄亲鸟共同育雏。

在中国，鹪鹩已被列入《有重要生态、科学、社会价值的陆生野生动物名录（2023年）》。

灰鹡鸰

灰鹡鸰是鸟纲雀形目鹡鸰科鹡鸰属的一种。又称马兰花儿、黄鸰等。

◆ **地理分布**

灰鹡鸰共6个亚种，分布于欧洲、亚洲和非洲。中国仅有1个亚种，

即普通亚种，在黑龙江、吉林、辽宁、内蒙古、河北、山西、陕西、甘肃、四川北部、青海东部和西藏南部等地均有分布，为夏候鸟，部分为旅鸟；迁徙期间也见于河南、山东、安徽、江苏、浙江、湖北、四川中部和西部及西南部、西藏南部和西部、青海东北部、甘肃西北部、祁连山及新疆等地；越冬于长江以南至东南沿海，包括台湾岛和海南岛，西至云南西部。

◆ 形态特征

灰鹡鸰为小型鸣禽，体长 16 ～ 19 厘米。雄鸟上体灰褐色，尾上覆羽染绿；中央尾羽黑色，外侧尾羽黑褐色，具大型白斑；头具白色眉纹及黑色过眼纹；喉部夏季为黑色，冬季为黄色；翼下覆羽与背羽同色；飞羽黑色，内侧飞羽具明显白缘；下体黄色。雌鸟和雄鸟相似，但雌鸟上体绿灰色，额、喉白色；虹膜褐色，嘴黑褐色或黑色，跗跖和趾暗绿色或角褐色。

◆ 生物学习性

灰鹡鸰主要栖息于溪流、河谷、湖泊、水塘、沼泽等水域岸边或水域附近的草地、农田、住宅和林区居民点，尤其喜欢在山区河流岸边和道路上活动，也出现在林中溪流和城市公园中。从海拔高度为 2000 米的平原草地到 2000 米以上的高山荒原、湿地均有栖息。常单独或成对活动，有时也集成小群或与白鹡鸰混群。飞行时两翅一展一收，呈波浪式前进；飞行时不断发出鸣叫声。常停栖于水边、岩石、电线杆、屋顶等突出物体上，有时也栖于小树顶端枝头和水中露出水面的石头上，尾不断地上下摆动；属于重要的农林益鸟，主要以鞘翅目、鳞翅目、直翅目、半翅目、双翅目、膜翅目昆虫为食，常沿河边、道路行走或跑步捕食，有时也在空中捕食。

灰鹡鸰繁殖期在5～7月；营巢在河边土坑、水坝、石头缝隙、石崖台阶、河岸倒木树洞、房屋墙壁缝隙等；巢呈碗状，外壁多以枯草叶、枯草茎、枯草根和苔藓构成；每窝产卵4～6枚。

◆ **种群动态与保护措施**

灰鹡鸰在中国很多地方都很容易见到，分布广、数量多，是中国常见的候鸟之一。在中国，灰鹡鸰已被列入《国家保护的有益的或者有重要经济、科学研究价值的陆生野生动物名录》，此外还有部分地区将其列入地方野生动物保护名单。

白鹡鸰

白鹡鸰是鸟纲雀形目鹡鸰科鹡鸰属的一种小型鸣禽。又称马兰花儿、白颤儿、点水雀、白面鸟、白颊鹡鸰等。

◆ **地理分布**

白鹡鸰在中国分布很广，几乎遍布全国各地，主要为夏候鸟，部分在中国东南沿海地区；在国际上分布也很广，几乎遍布整个欧洲、亚洲和非洲。白鹡鸰共有11个亚种，中国有7个亚种。

◆ **形态特征**

白鹡鸰体长16～20厘米。体色以及头、胸部的黑斑纹变异较大；上体自黑色至深灰色，尾羽黑色，外侧尾羽具显著白斑；额、头侧及额、喉白色，有黑色过眼纹；翼上覆羽及飞羽具白斑，使翅呈黑白两色；下体白色，胸部具宽窄不等的黑色胸带；虹膜黑褐色；嘴和跗跖黑色。

◆ **生物学习性**

白鹡鸰主要栖息于河流、湖泊、水库、水塘等水域岸边，也栖息于农田，湿草原、沼泽等湿地，以及水域附近的居民点和公园等地。常单独、成对或呈 3～5 只的小群进行活动；迁徙期间也可见十多只至 20 余只的大群。多栖于地上或岩石上，有时也栖于小灌木或树上，多在水边或水域附近的

白鹡鸰

草地、农田、荒坡及路边活动，或是在地上慢步行走，或是跑动捕食。鸣声清脆响亮，飞行姿势呈波浪式，有时也较长时间地站在一个地方，尾上下摆动。主要以鞘翅目、双翅目、鳞翅目、膜翅目、直翅目昆虫为食。

白鹡鸰繁殖期在 4～7 月。通常营巢于水域附近岩洞、岩壁缝隙、河边土坎、田边石隙以及河岸、灌丛与草丛中。巢呈杯状，外层粗糙、松散，主要由枯草茎、枯草叶和草根构成，内层紧密，主要由树皮纤维、麻、细草根等编织而成；巢内垫有兽毛、绒羽、麻等柔软物。主要以昆虫为食，属于益鸟，在植物保护中有较大作用。每窝产卵通常为 5～6 枚，孵化期 12 天。雏鸟晚成性，孵出后由雌雄亲鸟共同育雏，14 天左右雏鸟即可离巢。

◆ **种群动态与保护措施**

白鹡鸰在中国很多地方都很容易见到，分布广、数量大，是中国常见的夏候鸟之一。在中国，白鹡鸰已被列入《国家保护的有益的或者有重要经济、科学研究价值的陆生野生动物名录》，此外还有部分地区将其列入地方野生动物保护名单。

白头鹎

白头鹎是鸟纲雀形目鹎科鹎属的一种。又称白头翁、白头婆等。

◆ **地理分布**

白头鹎共有 4 个亚种，中国有 3 个亚种。其中，指名亚种是中国特有亚种，分布于辽宁、河北、北京、天津、河南、山东、山西、陕西南部、甘肃东南部、青海、云南东北部、四川、重庆、贵州、湖北、湖南、安徽、江西、江苏、上海、浙江、福建、广东、香港、澳门、广西等地；台湾亚种也是中国特有亚种，仅分布于台湾岛；海南亚种分布于广西南部、广东西南部和海南岛，在国外分布于越南北部。

◆ **形态特征**

白头鹎为小型鸣禽，体长 17 ～ 22 厘米。雄鸟额与头顶黑色，两眼上方至枕羽为白色，老年个体的枕羽更为洁白；上体黄绿色，翅、尾暗褐色；下体白色，胸部有淡灰褐色宽带，腹部杂有黄绿色纵纹。雌鸟羽色似雄鸟，但黑羽染褐。虹膜褐色，嘴黑色，脚黑色。

◆ **生物学习性**

白头鹎主要为留鸟，一般不迁徙。主要栖息于海拔 1000 米以下的

白头鹎

低山丘陵和平原地区的灌丛、草地、有零星树木的疏林荒坡、果园、村落、田边灌丛、次生林和竹林，也见于山脚和低山地区的阔叶林、混交林、针叶林及其林缘地带。常呈 3 ～ 5 只至十多只的小群活动，冬季有时亦集成 20 ～ 30 只的大群；多在灌木和小树上活动，性活泼，常在树枝间跳跃，或飞翔于相邻树木间，一般不做长距离飞行；善鸣叫，鸣声婉转多变。杂食性，动物性食物主要有鞘翅目、鳞翅目、直翅目、半翅目昆虫，特别是在繁殖季节，几乎完全以昆虫为食，也吃植物果实与种子。属于益鸟，在植物保护中有较大作用。

白头鹎繁殖期在 4 ～ 8 月，营巢于灌木、阔叶树、竹或针叶树上；巢呈深杯状或碗状，由枯草茎、草叶、细枝、芦苇、茅草、树叶、花序、竹叶等材料构成；每窝产卵 3 ～ 5 枚，卵呈粉红色，被有紫色斑点，也见有呈白色而布以赭色、深灰色斑点，或白色而布以赭紫色斑点的。

◆ **种群动态与保护措施**

白头鹎曾是中国长江流域及其以南广大地区的常见鸟类，现在华北一带也很容易见到，分布广、数量多。在中国，白头鹎已被列入《国家保护的有益的或者有重要经济、科学研究价值的陆生野生动物名录》，此外还有部分地区将其列入地方野生动物保护名单。

仙八色鸫

仙八色鸫是鸟纲雀形目八色鸫科八色鸫属的一种。

◆ 地理分布

仙八色鸫共 2 个亚种，中国有 1 个亚种。其中，指名亚种主要分布于河北、天津、山东、河南、甘肃、云南、贵州、湖北西部、安徽、江西、江苏、上海、浙江、福建东部、广东、香港、澳门、广西西部、海南、台湾等地。在国外，分布于朝鲜、日本以及东南亚一带。

◆ 形态特征

仙八色鸫为小型鸣禽，体长 18～22 厘米。雌雄羽色大致相似。头顶至枕部深栗色，正中具黑色冠纹，眉纹黄色；自眼先至颊部达于耳区有宽阔黑纹，在后颈与冠纹相连；背羽翠绿，腰翠蓝，尾黑；翼上覆羽有蓝、绿、黑色，初级飞羽黑色具白斑；下体以茶黄色为主，腹中央有朱红色宽纹直达尾下；虹膜褐色或暗褐色，嘴黑色，跗跖和趾肉红色或淡黄褐色。

◆ 生物学习性

仙八色鸫主要栖息于茂密的森林和林缘灌丛与疏林地带，也出入于庭园和村屯附近的树丛内；常单独活动，多在地面边走边觅食，行动敏捷，性机警而胆怯、善跳跃，多在地上跳跃行走，飞行速度较慢。主要以昆虫为食，也吃蚯蚓等其他无脊椎动物；常在地面落叶层中寻觅食物。

仙八色鸫繁殖期在 5～7 月；营巢于密林中树上，巢多置于树干分权处，球形，侧面开口；巢由枯枝、枯叶、草茎和苔藓等编织而成，巢内垫有细根和松叶等内垫物；每窝产卵 4～6 枚，卵呈污白色、缀有灰色和紫褐色斑点。

◆ **保护措施**

仙八色鸫在中国为夏候鸟和旅鸟，主要见于东部沿海一带，但数量非常稀少，属于珍稀鸟类，在中国，《国家重点保护野生动物名录》已将其列为国家二级保护野生动物；《中国生物多样性红色名录——脊椎动物卷（2020）》将其评估为易危（VU）物种。国际上，在《世界自然保护联盟濒危物种红色名录》中仙八色鸫已被列为易危（VU）等级物种，《濒危野生动植物种国际贸易公约》（CITES）已将其列入附录Ⅱ中。

乌 鸫

乌鸫是鸟纲雀形目鸫科鸫属的一种。又称百舌、反舌、白舌、黑鸟、黑鸫、黑山雀等。

◆ **地理分布**

乌鸫共有 9 个亚种，中国有 4 个亚种。其中，普通亚种是中国特有亚种，分布于四川、贵州、云南、湖南、江西、安徽、浙江、上海、福建、广东、香港、海南和台湾等西南和长江以南的广大地区，往北可达河南南部、陕西南部和甘肃西南部，在西南地区和长江以南主要为留鸟，在广东、海南和台湾多为冬候鸟；新疆亚种在中国主要分布于新疆和青海西北部，在国外分布于中亚、阿富汗、巴基斯坦、伊朗和伊拉克；西藏亚种在中国主要分布于西藏，在国外分布于巴基斯坦、印度和不丹；四川亚种也是中国特有亚种，仅分布于重庆巴南及四川乐山、峨眉山、成都、汶川等地。

◆ **形态特征**

乌鸫为中型鸣禽，体长20～28厘米。雄鸟上体包括两翼和尾等黑色，下体黑褐，颏部缀以棕褐色羽缘，喉亦微有此色渲染。雌鸟上体包括两翼和尾黑褐色，背部较浅，颏和喉均浅栗褐，缀以黑褐色纵纹，下体余部亦黑褐，但稍沾栗色；虹膜褐色，嘴橙黄色或黄色，脚黑褐色。

◆ **生物学习性**

乌鸫在中国主要为留鸟，在长江以北地区部分迁徙或游荡，随着气候变暖，分布区向北扩展趋势明显。主要栖息于次生林、阔叶林、针阔叶混交林和针叶林等各种不同类型的森林中，海拔高度从数百米到4500米均可遇见，也见于农田地旁的树林、果园和城市公园、居民小区附近。常单独或成对活动，有时也集成小群。多在地上

乌鸫

觅食，平时多栖于乔木上，繁殖期间常隐匿于高大乔木顶部枝叶丛中，不停地鸣叫。主要以鳞翅目、半翅目、膜翅目、鞘翅目昆虫为食，也吃马陆、蚯蚓、蠕虫、蜗牛、小螺等无脊椎动物以及植物果实和种子。乌鸫属于农林益鸟，在植物保护中有较大作用。

乌鸫繁殖期在4～6月；通常营巢于村寨附近、房前屋后、田园中乔木主干分枝处或棕榈树的叶柄间，巢距地高2～15米；巢呈碗状，

主要由苔藓、稻草、植物根、茎、叶，并掺杂以棕丝、猪毛和泥土编织而成，巢内垫有须根等柔软物质；每窝产卵 5 ~ 6 枚，卵呈淡蓝灰色，也有近白色的，被有深浅不等的赭褐色斑点，尤以钝端较密；孵化期为 14 ~ 15 天。

◆ **保护措施**

乌鸫分布广，种群数量较大，是中国常见的鸟类之一，中国已将其列入《有重要生态、科学、社会价值的陆生野生动物名录（2023 年）》。

金丝雀

金丝雀是鸟纲雀形目燕雀科丝雀属的一种。又称芙蓉鸟、芙蓉、白玉鸟、白玉、白燕、燕子、玉鸟等。

◆ **地理分布**

金丝雀分布于非洲西北部附近大西洋上的加那利、马狄拿、爱苏利兹等群岛上。

◆ **形态特征**

金丝雀为小型鸣禽，体长 12 ~ 14 厘米。野生个体的体羽主要呈灰色，经人工饲养后羽色发生了许多变化，出现了黄色、白色、绿色、花色、辣椒红、橘红色、古铜色、桂皮色等羽色，在这些羽色中又有深浅色的差异，使人工饲养的金丝雀的羽毛颜色更加丰富。金丝雀体形和姿态也发生了很大的变化，出现了不同的品系。

◆ **生物学习性**

野生金丝雀喜欢结群生活；主要以植物种子等为食，夏季也吃昆虫。

金丝雀每年 1 ～ 7 月繁殖，巢为杯状，每窝产卵 4 ～ 5 枚，孵卵主要由雌鸟担任，孵化期 14 ～ 16 天。

金丝雀为著名观赏鸟类，饲养技术比较成熟。饲料由干料、粉料、青菜、水、矿物质组成。由于身体比较娇弱，抗病、抗寒能力不强，应让它们多活动。

◆ 种群动态

在中国，金丝雀是饲养比较普遍、数量较多的笼养鸟之一，可以进行人工繁殖。由于在中国没有野生种群，尚无针对这种鸟类的保护措施。

阔嘴鸟

阔嘴鸟是雀形目阔嘴鸟科鸟类的统称。

阔嘴鸟有 8 属 15 种，分布于非洲和东南亚；在中国，仅有 2 属 2 种，即长尾阔嘴鸟和银胸丝冠鸟，分布于云南、广西及喜马拉雅山区。

阔嘴鸟嘴形粗厚而宽阔，全长 25 ～ 27 厘米。脚短而弱，前 3 趾基部并连，称并趾型；跗跖大部由单列大型的卷型鳞所包被。

阔嘴鸟栖息于热带、亚热带森林中，特别是近水的密林、灌丛间。叫声刺耳，叫时尾上下摆动，上下嘴碰撞发出"扎、扎"声响。以鞘翅目昆虫和蜘蛛为主要食物，也吃少量种子、树芽和核果。巢呈梨形，以细枝、草、树叶和苔藓等构成，吊于临水树枝、竹梢或藤条上。每窝产卵 5 ～ 6 枚，卵壳上常缀有小点斑。《中国生物多样性红色名录——脊椎动物卷（2020）》将长尾阔嘴鸟和银胸丝冠鸟均评估为近危（NT）物种。

琴 鸟

琴鸟是鸟纲雀形目一属。有华丽琴鸟和艾氏琴鸟两种。琴鸟仅分布于澳大利亚的新南威尔士。

琴鸟是雀形目中体形较大者，体形略似母鸡；通体浅褐色。因琴鸟整个尾形颇似古希腊七弦竖琴，因而得名。雄鸟最外侧的尾羽先端外卷成弧形，上缀金褐色冠状斑，边缘呈黑色；中间 12 枚尾羽纤细如丝；还有 2 枚触角状羽，雌鸟不具此种装饰羽。

琴鸟生活于热带雨林的密林中，营地栖生活。雄鸟善效鸣鹦鹉及其他鸟类的鸣声，甚至可效仿某些兽叫和人的语言。雌鸟也会效鸣，但远不如雄鸟。婚配制度为一雄多雌。在 5 ～ 6 月营巢，筑于高树上；巢呈圆顶状，由雌鸟完成。求偶期间，雄鸟在树顶上搭一个直径约 1 米的圆形"舞台"，且舞且歌，琴羽横伸，纤羽上摆，犹如一把阳伞。雌鸟的尾羽在繁殖期间卷向一侧。

琴鸟是一种珍贵的观赏鸟类，美丽的琴尾和学舌的本领都深为人们喜爱。琴鸟过去常被乱捕滥猎，现在已严加保护，并被其他国家引种驯养。

山椒鸟

山椒鸟是鸟纲雀形目山椒鸟科一属。山椒鸟属有 13 种，主要分布于东半球温暖地带。山椒鸟在中国有 7 种，分布于东南部温暖地带。山椒鸟常见的种类有长尾山椒鸟、灰山椒鸟等。

山椒鸟全长 16 ～ 20 厘米。嘴形狭而侧扁。尾呈深凸状，甚长。最外侧尾羽不及尾长的一半。翅形稍长而尖。多数雄鸟的体羽呈黑色和红色，雌鸟呈黑色、橙黄或灰色。

山椒鸟通常结群活动于树木顶端。在空中捕捉飞虫后，返回原地，栖息枝头；或者集群活动在树枝间啄食昆虫。飞行时红黄色互相辉映，边飞边鸣，此呼彼应。繁殖期间成对生活；5～6月在海拔较高的山地树顶端营巢；巢呈杯状，用细草、根须、松针等柔软的植物筑成，巢外敷以苔藓、蜘蛛网加固；巢通常距地面20～25米；每窝产卵2～5枚，卵呈白色、灰白色、浅蓝绿色并缀斑点或斑块；由雌鸟孵卵，雄鸟在巢区附近警戒；孵化期13～14天。山椒鸟是益鸟，主要取食毛虫、蟓象、金龟甲等农林害虫。

在中国，长尾山椒鸟已被列入《国家保护的有益的或者有重要经济、科学研究价值的陆生野生动物名录》。

太平鸟

太平鸟是鸟纲雀形目太平鸟科一属。太平鸟在世界上共有3种，其中中国有2种，即太平鸟和小太平鸟。太平鸟分布于中国西南、东北、华北、中南、华东、台湾。

太平鸟全长166～205毫米。嘴较短。头顶有一簇柔软冠羽。两翅尖长，次级飞羽的羽干末端有的具红色蜡状斑。尾羽具红或黄端。跗跖甚短。太平鸟体羽松软；额和头顶前部呈栗色；头顶和后头呈灰栗色，头部羽毛向后延伸，构成明显尖形的冠羽；上体呈灰褐色；额、喉呈黑色；耳羽和颈侧成浅栗色；两翅尖长，斜贯一道白纹；腹部呈深灰色，下腹中央呈黄白色。尾羽口枚，短而圆，先端呈黄色，因而俗称十二黄。

太平鸟常数十只、上百只聚集成群，栖息于针叶林或针阔混交林中。主要吃植物性食物，也兼吃昆虫。太平鸟在中国北部繁殖，仅在秋冬季见于中国内蒙古、东北、华北、西南一带；偶见于新疆、甘肃、福建等地。在中国，太平鸟已被列入《国家保护的有益的或者有重要经济、科学研究价值的陆生野生动物名录》。

太阳鸟

太阳鸟是鸟纲雀形目花蜜鸟科一属。共有 17 种，分布于亚洲南部、菲律宾群岛和印度尼西亚；中国有 6 种。

太阳鸟体形纤细，全长 79 ～ 203 毫米；嘴细长而下弯，嘴缘先端具细小的锯齿；舌呈管状，尖端分叉；尾呈楔形，雄鸟中央尾羽特别延长。

太阳鸟属的常见种是黄腰太阳鸟。黄腰太阳鸟雄鸟额和头顶前部呈绿色带金属光泽，头顶后部和枕部呈橄榄褐色；背部呈红色，下背及腰部呈亮黄色；尾上覆羽和中央尾羽与额部同色；颏、喉及胸呈鲜朱红色，远较背部红色鲜亮；下体余部呈淡灰黄沾绿色。黄腰太阳鸟雌鸟额至枕部呈灰褐色；眼呈灰色；上体呈橄榄绿色，腰和尾上覆羽沾黄；中央尾羽不似雄鸟那样细长；下体呈暗灰黄色。

太阳鸟性活泼，常单只、成对或成小群在次生阔叶林或开花的乔木、灌木上活动；成群觅食时，常互相唤叫；飞行能力强而急速，喜急鼓两翅悬飞在花前；主要以花蜜为食，用细长的嘴探入花朵内，以管状的舌吸吮花蜜；也吃花蕊、蜘蛛、膜翅目昆虫、蚁类、双翅目昆虫、寄生蜂、虻类以及种子等。

太阳鸟在中国云南东南部和广东南部繁殖；巢呈梨状，有的巢外以苔藓根、杂草构成，内衬以纤细的花茎，巢内有由细丝状的种子绒毛构成的厚垫；有的巢外以苔藓根和其他树枝掺以苔藓和蜘蛛丝构成，内垫以棉花状纤维。

太阳鸟羽色艳丽，常被饲养作为观赏鸟。在中国，黄腰太阳鸟已被列入《有重要生态、科学、社会价值的陆生野生动物名录（2023年）》。

文　鸟

文鸟是鸟纲雀形目梅花雀科一属。

文鸟翅形尖，第1枚飞羽较短，不超过大覆羽；中央尾羽形狭而端尖。文鸟共有39种，主要分布于非洲南部、大洋洲、印度、东南亚和中国华南地区。中国有白腰文鸟等3种。

白腰文鸟体形似麻雀，额、眼先、眼周、颏、喉等呈黑褐色；耳羽、颈侧以至胸部呈棕栗色，各羽有白色羽干斑和淡黄色羽端；上体自头顶至背部呈暗沙褐色，并有白色羽干纹；腰部前半呈白色，后半和尾上覆羽呈棕褐色，亦有黄白色羽干纹；尾呈黑色，中央尾羽延长而末端呈楔形；翅呈黑褐色，内侧覆羽和飞羽均具白色羽干纹；下胸、腹部和两胁呈灰白色，亦有浅褐色纵纹；尾下覆羽呈棕栗色并杂有浅色羽干纹和淡黄色羽端斑。

文鸟栖息于灌丛中，平时觅食草籽，而在谷物成熟时期常成群啄食谷粒，危害农田；繁殖期兼食昆虫。在各种树及灌丛中营巢，巢由枯草、竹叶、松针等物编织而成，呈曲颈瓶状；每年可产卵数窝，每窝产卵6～7

枚，卵呈白色。

文鸟可饲作笼鸟，已培育出众多的品种。在中国，白腰文鸟已被列入《有重要生态、科学、社会价值的陆生野生动物名录（2023 年）》。

相思鸟

相思鸟是鸟纲雀形目画眉科一属。相思鸟为典型的东洋界种类，从印度向东直至越南、印度尼西亚均有分布。在中国，相思鸟分布于秦岭以南。

相思鸟体小，全长 10 ～ 18 厘米。嘴形粗健，长度约为头长的一半；鼻孔裸露。雌雄两性大体相似。性活泼，羽色华丽，鸣声婉转动听；杂食性，除吃瓢虫、象甲等昆虫外，也吃植物种子、果实等。

相思鸟属共有银耳相思鸟和红嘴相思鸟 2 种，中国均有分布。两种相思鸟外形相似，但银耳相思鸟头顶呈黑色，耳羽呈银灰色，嘴呈黄色，上嘴基部和嘴角呈褐色，常栖息于海拔 1000 米的小丘和平原，结成 8 ～ 10 只的小群，在灌丛、竹林及常绿阔叶林内活动。红嘴相思鸟嘴呈鲜艳的红色，上体从头至尾上覆羽呈暗灰绿色，额呈黄色，胸部呈橙黄色，腹部呈淡白色，尾下覆羽呈浅黄色，生活习性与银耳相思鸟相似。在中国，银耳相思鸟已于 2021 年被列入《国家重点保护野生动物名录》，为国家二级保护野生动物；红嘴相思鸟于 2023 年被列为国家二级保护动物。

极乐鸟

极乐鸟是鸟纲雀形目极乐鸟科鸟类的统称。又称凤鸟。极乐鸟有44 种。极乐鸟主要分布于新几内亚及其附近岛屿，少数种类见于澳大利亚北部和马鲁古群岛。

极乐鸟体形大小不等，全长 17 ～ 120 厘米。嘴脚强健。少数种类呈纯黑色，除羽毛光泽和肉垂外，无特殊装饰；大多数种类的雄鸟有特殊饰羽和彩色鲜艳的羽毛。鸣声粗厉。

极乐鸟以各种植物果实为食，也吃昆虫、蛙、蜥蜴等；除在果树上取食及在公共性炫耀场地外，通常不结群，多单个或成对生活；在树枝上营巢，用细枝筑成巨大的盆状物，但镰冠极乐鸟在靠近地面营有顶的巢；王极乐鸟在树洞中营巢。极乐鸟每窝产卵 1 ～ 2 枚。从 500 多年以前起，西欧妇女就以它们的饰羽作为帽饰，直到 1927 年才禁止狩猎极乐鸟。

极乐鸟中有名的种类有大极乐鸟，产于新几内亚阿鲁群岛，在繁殖期间雄鸟非常艳丽。大极乐鸟额、颊、喉等墨绿色；头、颈黄色；上体暗赤栗色；胁部有长饰羽，其基部橙黄，中部黄色，前部白色；中央尾羽仅存羽轴，并延成铁线状。在繁殖期，大极乐鸟雄鸟群集于大树上，高举双翅，伸直颈部，耸起羽毛并连续颤动，展开胁部长羽，进行集体性表演，从一树枝飞向另一树枝，顿时使整棵树上显得好像鲜花怒放，鲜艳夺目。

绣眼鸟

绣眼鸟是鸟纲雀形目绣眼鸟科的一属。绣眼鸟共有 57 种，分布自亚洲南部至大洋洲和非洲，其中中国有 3 种。

绣眼鸟体形小，全长 9 ～ 12 厘米。嘴小，为头长的一半，嘴峰稍向下弯，嘴缘平滑。鼻孔为薄膜所掩盖。舌能伸缩，先端具有角质硬性的纤维簇。眼周有白色圈。翅圆长。尾短。跗跖长而健。雌雄相似。

暗绿绣眼鸟为绣眼鸟属常见种类。暗绿绣眼鸟头顶和尾上覆羽呈暗绿色沾黄;前额黄色明显;眼先和眼的下方呈黑色,眼周成白色;耳羽和颊呈绿黄色;上体呈暗绿色;颏、喉和上胸呈鲜柠檬黄色,下胸呈棕灰色;腹部中央呈白色。两性相似。

暗绿绣眼鸟常集群在阔叶树和竹林间活动;在繁殖季节成对,冬季集大群;常在近树顶的树叶间觅食;鸣声清脆而稍带颤音,婉转动听;在胡桃、杨树和枇杷树等阔叶树上营巢,巢以苔藓、蒲公英、纸屑、蛛丝和绒毛等作材料,内垫以松叶、细草、细根等;每窝产卵4枚,卵呈白色,钝端有暗褐色细斑。主要以瓢虫、蚜虫、象鼻虫、蚂蚁、金花虫、天牛、蝗虫、鳞翅目昆虫的幼虫等为食,也吃部分螺类,以及植物花瓣、叶和种子等,因食大量农林害虫而对农林有益。在中国,暗绿绣眼鸟被列入《国家保护的有益的或者有重要经济、科学研究价值的陆生野生动物名录》。

园丁鸟

园丁鸟是鸟纲雀形目一科,世界有7属20种。因雄鸟交尾前在地上造庭园或小亭作为求偶炫耀场地,以吸引雌鸟得名。主要分布于澳大利亚、新西兰及其附近岛屿。

园丁鸟体形大小与鸫相似。体羽呈红褐色,雄鸟在繁殖期通常有色彩艳丽的羽毛或饰羽,有的有颈冠,有的有披肩样的长羽。

园丁鸟繁殖季节在9月到翌年1月。各种园丁鸟的性炫耀场地结构和形式常各不相同,大多数种类的性炫耀场地比较简单,如齿嘴园丁鸟仅在选择好的地点清理出一块 1～1.5 米直径的场地，然后用嘴咬断一些树叶，铺在场内，不时地更换新鲜树叶，在场地周围用碎木块或其他能找到的材料堆成一道围场。齿嘴园丁鸟还可修建 4 条树墙。

阿氏园丁鸟的场地比较复杂，以蜗牛壳、甲虫翅膀等物作为场地的装饰。还有一种较为复杂的结构：雄鸟清理场地后，在场地中间一颗直立小树的周围，用细枝、树叶、鲜花、果壳等材料构成高达 2 米的小亭，侧面开有入口，在入口处前面的空地上用苔藓铺盖，并用各种颜色的果实、花朵，甚至用玻璃碎片等物装饰，在场地周围用草茎、苔藓等物垒成一道矮墙。另外一种场地结构是雄鸟首先清理出直径 1.0～1.5 米的场地，然后到处寻找长 20 厘米以上的小树枝，在场地中部把这些小树枝插在地上，交织成二道树墙，二墙之间形成一条可供通行的小道，在小道的出入口处或墙边上摆上搜集到的浆果、小卵石、骨头碎块、甲壳虫、贝壳、金属块、玻璃甚至罐头壳等物作为装饰，并在地上铺上细枝和嫩草。

缎蓝园丁鸟的雄鸟还能用木炭或果汁与它的唾液混合成颜料，用嘴衔着一块树皮作刷子，上下摆动把颜色刷到树墙上。构筑好场地之后，缎蓝园丁鸟的雄鸟就在场内不时地用嘴叼着找来的各种色彩鲜艳的装饰品，展开饰羽，不停地摇晃舞蹈，以诱引雌鸟。当缎蓝园丁鸟雌鸟接受这个雄鸟时，就进入场地交尾，交尾后，雌鸟单独飞向几十或百余米远的适宜地点的树上营巢、产卵和育雏。

织布鸟

织布鸟是鸟纲雀形目织布鸟科一属。织布鸟世界有 114 种，主要分布于非洲热带。织布鸟在中国有 3 种，仅见于云南南部。

织布鸟代表种有黄胸织布鸟，大小似麻雀。嘴强健。第一枚飞羽较长，超过大覆羽。大多数雄鸟一年有两种羽色，非繁殖季节雄鸟羽色似雌鸟。

织布鸟主要活动于农田附近的草灌丛中，营群集生活，常结成数十以至数百只的大群。性活泼，主要取食植物种子，在稻谷等成熟期也食稻谷；繁殖期兼食昆虫。在繁殖期中，常数对或 10 余对共同在 1 棵树上营巢。巢呈长把梨形，悬吊于树木的枝梢或棕榈叶上，以草茎、草叶、柳树纤维等编织而成。每窝产卵 2 ～ 5 枚，卵呈纯白色。

啄花鸟

啄花鸟是鸟纲雀形目啄花鸟科一属。啄花鸟在世界有 38 种，分布于亚洲热带及大洋洲群岛；其中，中国有 6 种，分布于秦岭以南地区。

啄花鸟属常见种是红胸啄花鸟。红胸啄花鸟雄鸟嘴呈褐黑色；眼先、颊、耳羽、颈侧呈黑色；上体呈金属辉亮的暗绿色，胸部有一朱红色块斑，下体余部呈浓棕黄色。红胸啄花鸟雌鸟上嘴角呈褐色，下嘴角呈灰色，头顶暗褐色，眼先呈灰白色；颊与颈侧呈橄榄绿沾灰色，两颊缀以白点；上体呈橄榄绿色，下背和腰部呈微黄色；喉部接近白色；胸部无红斑，下体余部与雄鸟相似。

啄花鸟性活泼；单个、成对、或结小群活动。栖息于次生阔叶林中或近溪流的树丛中；鸣声嘹亮，常久鸣不休，有时模仿太阳鸟的叫声。飞行力强，速度快。有时与绣眼鸟混群在乔木间觅食。主要以昆虫卵和花蜜为食，也吃各种树木的果实。巢椭圆囊状，以板栗的花序及菊科植物种子铺成，柔软蓬松，外用蛛丝和植物纤维缠绕，悬挂于树梢。巢址隐蔽，极难发现。

啄花鸟常往返活动于花丛间，有助于传播花粉。在中国，红胸啄花鸟已被列入《有重要生态、科学、社会价值的陆生野生动物名录（2023年）》。

黄 鹂

黄鹂是鸟纲雀形目黄鹂科一属种类的统称。世界有 27 种，广布于古北界和东洋界，以东洋界为分布中心。中国有 5 种，以黑枕黄鹂为典型代表。羽色呈鲜黄色，但也有的以红或黑或白色为主。

黑枕黄鹂又称黄莺，全长 22～26 厘米。通体呈鲜黄色，自脸侧至后头有 1 条宽黑纹，翅、尾羽大部呈黑色。喙较粗壮，上嘴先端微下弯并具缺刻，嘴呈粉红色。翅尖而长，尾为凸形。腿短弱，适于树栖，不善步行。腿、脚呈铅蓝色。雌鸟羽色染绿，不如雄鸟羽色鲜丽；幼鸟羽色似雌鸟，下体具黑褐色纵纹。

黄鹂主要生活在阔叶林中。取食蝗虫、蛾类、甲虫、蝇类，秋季也吃浆果。雄鸟在繁殖期鸣声清脆悦耳。雌雄共同以树皮、麻类纤维、草茎等在水平枝杈间编成吊篮状悬巢。每窝产卵 4 枚，卵呈粉红色，杂以稀疏的紫色和玫瑰色斑点，卵壳有光泽。雌鸟孵卵。孵化期 13～16 天，育雏期约 16 天。幼鸟离巢后仍家族群聚，至迁徙时离散，在印度及东南亚一带越冬。

黄鹂属鸟类为著名食虫益鸟。在中国，黑枕黄鹂已被列入《国家保护的有益的或者有重要经济、科学研究价值的陆生野生动物名录》；本属的鹊色鹂已被《国家重点保护野生动物名录》列为二级保护动物，且已被世界自然保护联盟评估为濒危等级物种。

鸦

鸦是鸟纲雀形目鸦科鸦属种类的统称。俗称乌鸦。属于雀形目鸟类中个体最大的一群。共有41种，分布几遍全球。中国有8种，大多为留鸟。

鸦全长40～60厘米。体羽大多呈黑色或黑白两色，黑羽具紫蓝色金属光泽。翅远长于尾。嘴、腿及脚呈纯黑色。鼻孔距前额约为嘴长的1/3，鼻须硬直，达到嘴的中部。中国常见种类有秃鼻乌鸦、白颈鸦、寒鸦、大嘴乌鸦、渡鸦等，其中秃鼻乌鸦、寒鸦、大嘴乌鸦为中国东部和北部城市内冬季的主要混群越冬鸟类。

秃鼻乌鸦在中国东部至东北部广大平原地区高树上营群巢，通体呈黑色，嘴基背部无羽，露出灰白色皮肤。

白颈鸦在中国华北以南平原至低山的高树上筑巢，很少结群，体羽呈黑色，有鲜明的白色颈圈。

寒鸦为中国北方广大山区和近山区常见的小型乌鸦，胸腹白色并具白色颈圈，余部呈黑色；喜在崖洞、树洞、高大建筑物的缝隙中筑巢。

大嘴乌鸦在中国东北以南的广大山区繁殖，体形较大，嘴粗壮，通体呈黑色。

渡鸦是乌鸦中个体最大的种，全长约60厘米，通体呈黑色，体羽大部分以及翅、尾羽都有蓝紫色或蓝绿色金属闪光，嘴形甚粗壮，在西藏自治区海拔3000米以上的高原和山区岩缝中筑巢。

鸦为森林草原鸟类，栖于林缘或山崖，到旷野挖啄食物。集群性强，除少数种类（如白颈鸦）外，常结群营巢，并在秋冬季节混群游荡。行为复杂，表现有较强的智力和社会性活动。鸣声简单粗厉。杂食性，很多种类喜食腐肉，并对秧苗和谷物有一定害处。但在繁殖期间，主要取食小型脊椎动物、蝗虫、蝼蛄、金龟甲以及蛾类幼虫，有益于农。此外，因喜腐食和啄食农业垃圾，能消除动物尸体等对环境的污染，有净化环境的作用。一般性格凶悍，富于侵略习性，常掠食水禽、涉禽巢内的卵和雏鸟。

鸦繁殖期的求偶炫耀比较复杂，并伴有杂技式的飞行。雌雄共同筑巢。巢呈盆状，以粗枝编成，枝条间用泥土加固，内壁衬以细枝、草茎、棉麻纤维、兽毛、羽毛等，有时垫一厚层马粪。每窝产卵 5～7 枚。卵呈灰绿色，布有褐色、灰色细斑。雌鸟孵卵，孵化期 16～20 天。雏鸟晚成性，亲鸟饲喂 1 个月左右方能独立活动。

松　鸦

松鸦是鸟纲雀形目鸦科松鸦属一种。又称山和尚。广泛分布于欧洲和亚洲的山林中。在中国，除极西部地区以外，遍布各地，有 8 个亚种，均为留鸟。

松鸦为小型鸦类，全长约 32 厘米。外形与生活习性均似鸦，但羽毛鲜丽，整体接近粉褐色，具白色下背、腰及喉羽；下体呈淡棕色。从下嘴至颈侧有一条宽黑纹；翅为黑白两色，各羽基部外缘饰以翠蓝与黑色相间的、发金属闪光的羽片，构成艳丽的块状斑；尾呈黑色。嘴呈黑色，粗壮而直，上嘴先端具缺刻。鼻须较乌鸦短。腿和脚呈淡褐色。

松鸦栖息于针阔混交林内，常结成小群活动。鸣声粗犷单调，受惊扰时头顶羽毛耸起。杂食性，在繁殖期取食金龟甲、蝉、天牛、松毛虫等，兼吃植物嫩芽、浆果、桑葚等，喜掠食其他鸟的卵和雏鸟；秋冬两季以植物果实和种子为主要食物，并有贮藏坚果的习性。通常在高树上或山崖缝隙中筑巢。巢呈盆状，以枯枝编成，内衬草茎、细根、苔藓等。每窝产卵 5 ～ 6 枚。卵暗绿色，布有褐色细斑。孵卵由两性担任，孵化期约 17 天。雏鸟晚成性，双亲饲喂 20 天左右离巢，离巢后仍家族群居。

鸦 雀

鸦雀是鸟纲雀形目鸦雀科的一属。共有 20 种，中国 19 种。

鸦雀体形较小，全长 9 ～ 20 厘米。嘴形短厚，其厚度较长度为大，或与长度几乎相等。鼻孔完全被羽掩盖。翅短而圆。棕头鸦雀为本属的常见种，遍布中国北部、东部和南部。头至上背呈红棕色，上体余部呈带黄的橄榄褐色；两翅和尾羽呈暗褐色；额、喉和上胸呈玫瑰棕色；腹部中央呈皮黄色。

鸦雀常集小群在灌木荆棘间活动。夏季大多活动于山地，冬季迁至山坡多蕨类植物的草地和山麓的芦苇地带，鸣叫嘈杂不休。喜集群作短距离飞行。4 ～ 7 月繁殖。巢以纤维、草茎、竹叶等编织而成，呈杯状，外敷以蛛网、苔藓，内铺茅草等。巢筑于山茶或其他灌木的枝杈间，离地一米左右。每窝产卵 4 ～ 5 枚。主要以昆虫为食。

第 15 章

隼形目

    隼形目是鸟纲一目。为肉食猛禽。世界共有 5 科 80 属 311 种。中国有 2 科 23 属 60 种。

    隼形目鸟类体形大小不一，高山兀鹫双翅展开长达 2 米以上；小型的小隼仅比麻雀稍大。体形矫健，飞行迅捷。嘴爪强大弯曲，蜡膜裸出，两眼侧置，除鹗外外趾不能反转，尾脂腺被羽。隼科嘴先端两侧具单齿突，鹰科嘴切缘具弧状垂突，适于撕裂猎物吞食；嘴基部通常被蜡膜或须状羽。翅强健。鹰科翅宽圆而钝，善于在高空持久盘旋翱翔；隼科翅稍长而狭尖，飞行快速，善于在飞行中追捕猎物；尾羽形状不一，多数为 12 枚；脚和趾强健有力，通常 3 趾向前，1 趾向后，呈不等趾型，趾端钩爪锐利。体羽色较单调，多为灰褐、棕褐或石板灰褐色，或为污灰白色混合斑纹羽色；通常具小形副羽；一般绒羽较发达。雌鸟体形较雄鸟稍大。头骨宽阔，眼球较大，视野宽阔，视觉敏锐；听觉发达；胸骨宽阔；下肢骨壮健，趾骨稍长，屈趾肌腱发达，加强了钩爪的抓握力，利于撕裂和刺穿。嗉囊扩大，胃壁薄，消化腺发达；无砂囊结构；食量大，食物中不消化的残余，如骨、羽、毛等物，常形成小团块吐出。

    隼形目鸟类栖息环境多样，在高山、平原、山麓、丘陵、草原、海岸峭壁、江河湖泊或沼泽草地等处均可见到。白昼活动。鹰、雕和鹫能在高空持久盘旋和翱翔，隼形目鸟类能灵活而急速地追猎飞行中的鸟类；食物多样，因季节而有差异，多数以动物性食物为主；一般成对生活，在高山绝壁上、树冠顶端、荒漠草原的乱石堆上、树洞或较大的鼠洞中营巢；少数集巢群居（如兀鹫、小隼等）。大型种类每窝产卵1～2枚，孵化期约45天，雏鸟留巢2个月后飞出；小型种类每窝产卵3～5枚，孵化期约30天，雏鸟留巢约1个月后飞出。雏鸟晚成性。一般主要由雌鸟孵卵，雄鸟在附近警戒，并捕猎育雏的食物。中国的隼形目猛禽多为候鸟。少数留居华南和印度半岛；有的飞越印度洋到非洲东部和南部越冬。金雕、秃鹫等冬季在华北留居，为漂泊鸟类。隼形目鸟类寿命较长，小型种类寿命15～25年，大型种类如金雕寿命达80年。

隼形目猛禽多数为农林业的益鸟，在抑制害鼠、害虫方面起重要作用。该目种类均为国家重点保护动物。

红　隼

红隼是鸟纲隼形目隼科隼属的一种。分布于欧亚大陆、北非、大西洋岛屿、日本和印度北部。多数为留鸟，北部繁殖种群多南迁到中非、印度和斯里兰卡越冬。广泛分布于中国。

红隼为小型猛禽，全长30～38厘米。雄鸟背羽呈茶褐色且具黑斑；头呈蓝灰色，有一三角形黑斑；下体呈淡棕色且满布黑点斑；腰及尾羽呈蓝黑色，尾端具有黑白相间的带斑。雌鸟上体从头至尾呈棕色且具黑褐色纵纹和横斑，下体呈乳黄色且具黑褐色棕纹。

　　红隼栖息于山地森林、草原、旷野、河谷、农田和村屯附近的各种生境中，尤以林缘、林间空地、树林和农田区域较为常见。飞翔时两翅快速扇动，偶尔进行短暂的滑翔。主要以小鸟、蝗虫、蟋蟀、鼠类、蛙类、蛇类为食。繁殖期在每年的 4～6 月。通常营巢于悬崖、岩缝、土洞或利用其他鸟类的旧巢。巢简陋，由树枝构成，内垫枯草、落叶和鸟的羽毛。每窝产卵 4～5 枚，卵呈淡黄色且具黑褐色块斑。孵化以雌鸟为主，雄鸟偶作替换。孵化期为 28 天。红隼对控制农林害虫起一定的积极作用。

猎　隼

　　猎隼是鸟纲隼形目隼科隼属的一种。分布于中国、埃及、苏丹、阿尔及利亚、突尼斯和印度。在中国繁殖于新疆、青海、四川、内蒙古和西藏等地，迁徙或越冬于辽宁、河北、甘肃等地。

　　猎隼为中型猛禽，全长 40～60 厘米。上体呈暗褐色，下体呈白色。头顶呈暗褐色，具淡色纵纹。眉纹呈白色，眼下有显著黑色纹。

　　猎隼栖息于低山丘陵和山脚平原地区，常在无林或疏林地带活动。主要以小型鸟类、野兔、鼠类、蛙类等为食。繁殖期在每年的 4～6 月，营巢于树上或悬崖岩石上，有时也利用其他鸟的旧巢。巢主要由枯枝构成，内垫兽毛或鸟类羽毛，可利用多年。每窝产卵 3～5 枚，卵呈红褐色。由雌雄亲鸟轮流孵化，孵化期为 28 天。对控制农林害兽、害虫起一定的积极作用。由于猎隼性格凶猛，飞翔迅捷，是中东地区传统的猎鹰，用以捕杀野兔等猎物。名贵的猎隼价格昂贵，巨额利润诱使人类对猎隼的大量捕捉，是其主要致危因素。为中国《国家重点保护野生动物名录》（2021）中的一级保护动物，《中国生物多样性红色名录——脊椎动物卷（2020）》将其评估为濒危（EN）物种。

第16章

鹈形目

鹈形目是鸟纲的一目大型游禽。主要分布于热带和温带。共有5科，均见于中国，如鹲科的红嘴鹲、鹈鹕科的白鹈鹕、鲣鸟科的红脚鲣鸟、鸬鹚科的普通鸬鹚、军舰鸟科的小军舰鸟。鹈形目鸟类嘴常强大具钩，下有喉囊。四趾均向前，趾间均具蹼。巢营在树上或地面上。雏鸟晚成性。

鹈鹕

鹈鹕是鸟纲鹈形目鹈鹕科的统称。

◆ 地理分布

全世界共有鹈鹕1属8种，分布于温暖水域，中国共有3种鹈鹕，即卷尾鹈鹕、白鹈鹕和斑嘴鹈。

◆ 形态特征

鹈鹕为大型水鸟，体长在105～188厘米，雄性个体大于雌性。鹈鹕嘴形宽大直长，上嘴尖端向下弯曲，呈钩状；下嘴具可扩张的大喉囊，可自由伸缩；舌小，但舌部肌肉发达；当鹈鹕捕鱼后，发达的舌部肌肉能控制喉囊像网袋一样把水排掉；颈细长，飞行或休息时，颈部弯曲，能很好地支持头部和嘴；全身羽毛密而短，羽色为白色、桃红色或浅灰褐色；翅膀宽大，翼展较宽，扇翅有力，能以超过每小时 40 千米的速度长距离飞行；脚短，脚趾间有蹼连接。

◆ **生物学习性**

鹈鹕喜爱群居，主要栖息于湖泊、江河、沿海和沼泽地带。鹈鹕大部分可通过群体协作捕鱼。它们会排列成一条直线或是 U 形，用翅膀扑打水面，从而迫使鱼类游入浅水区，当鱼类聚集在浅水区时，鹈鹕便用嘴将它们舀起来。褐鹈鹕则从空中俯冲捕食，袋状的大嘴像渔网一样能把鱼网住。

鹈鹕通常成群繁殖于岛屿，雌雄的配对每年几乎固定。褐鹈鹕、斑嘴鹈鹕和粉红背鹈鹕通常在树上筑巢，其他的种类均在地面筑巢。地面筑巢的种类巢与巢之间的距离非常近。通常窝产 2 枚或 3 枚卵，双亲轮流孵化，孵化期为 29～35 天。雏鸟晚成性，刚出壳后的雏鸟没有羽毛，需要双亲照顾，亲鸟会吐出胃中半消化的鱼肉喂食雏鸟；等雏鸟长大后，把头伸进到亲鸟张开嘴巴的皮囊里，啄食带回的小鱼。七八十天以后，幼鸟开始学飞并离巢。3～4 年性成熟。

《中国生物多样性红色名录——脊椎动物卷（2020）》将卷尾鹈鹕、白鹈鹕和斑嘴鹈均评估为濒危（EN）物种。

军舰鸟

军舰鸟是鸟纲鹈形目军舰鸟科一属。军舰鸟分布于南太平洋、大西洋、印度洋。

军舰鸟体长 75 ～ 112 厘米。翅长而强；嘴长而尖，端部弯成钩状；尾呈深叉状；体羽主要呈黑褐色，喉囊呈红色；脚短弱，几乎无蹼；雌鸟一般大于雄鸟；主要以飞鱼类为食，并劫掠其他海鸟的捕获物。军舰鸟多在灌丛或树上筑巢，与其他鸟（燕鸥、鲣鸟）的巢区接近；繁殖期间喉囊特别发达。在求偶时，雄鸟极力膨胀红色喉囊，摇摆身躯，拍打双翅，向雌鸟炫耀，如丽色军舰鸟。军舰鸟窝只产 1 卵，卵呈白色；孵化期 45 ～ 50 天。雏鸟晚成性。雏鸟全身裸露，留巢 4 ～ 5 个月，由双亲共同哺食。

中国有 3 种军舰鸟：①黑腹军舰鸟。体呈黑色，两翅有褐色斑带。夏季遍布广东、福建沿海及西沙群岛。②白腹军舰鸟。大小与小军舰鸟相似，雄性成鸟体羽大都呈黑色，但腹部呈白色。雌性喉部呈黑色，腹部呈白色。属漂泊鸟，广东沿海岛屿偶见繁殖。③白斑军舰鸟。雄性成鸟上体呈黑色，头、背具蓝色光泽，下体羽表面呈浅褐色，前腹两侧各具一白斑。雌鸟体羽一般呈黑色，喉和前颈呈灰白，背有浅紫光泽，后颈具栗色领环，翅上覆羽有褐色块斑，胸部和胸侧呈淡黄白。

红嘴鹲

红嘴鹲是鸟纲鹈形目鹲科鹲属的一种。因嘴为红色得名。又称热带鸟。分布于整个热带海洋。

红嘴鹲全长约 1 米。中央尾羽为白色，长约为全长的 1/3；嘴大都红色，大而直；眼先有一黑斑，经眼后延至颈，形成一条宽阔的贯眼纹；背具黑色横斑；初级飞羽呈黑，内翈具宽阔白缘。

　　红嘴鹲除繁殖季节登陆产卵育雏外，几乎所有时间都在海洋上空不停地飞翔。有时长期跟随渔船飞行，累了就停在桅杆上；多为单个或成对活动。主要以飞鱼、乌贼为食，亦吃甲壳类动物。红嘴鹲3月末至4月初到海岛上，在岸边岩石架上或石缝中产卵，每次产卵1枚，卵呈白色，具赤褐色斑纹。

第17章
鸵鸟目

鸵鸟目是鸟纲的一目，现存 1 科 1 属，包括鸵鸟和索马里鸵鸟两种。

鸵鸟目包括许多体形巨大且不能飞行的走禽，是现存最大的鸟类，身高可达 2.5 米，体重达 135 千克。鸵鸟目鸟类适应于奔走生活，后肢粗壮有力，足仅具两趾（第三、四趾）；翼退化，胸骨不具龙骨突；不具尾综骨及尾脂腺；羽毛均匀分布在体表（无羽区、裸区之分），不具羽小枝（因而不构成羽片）；雄鸟具交配器。

鸵鸟目鸟类生活于沙漠草原地带，集群活动，一雄多雌。鸵鸟目鸟类奔跑快速，一步可达 8 米，时速 60 千米。以植物叶、果实、种子及小动物为食。在地面挖穴为巢，各雌鸟可产卵于一穴内，10 ～ 30 枚，重量可达 1300 克；由雌雄孵化，孵卵期约 42 天，雏鸟早成性。该类群的鸟类在世界各地都已被人工驯养。

鸵　鸟

鸵鸟是鸟纲鸵鸟目鸵鸟科鸵鸟属的一种。又称非洲鸵鸟。鸵鸟产于非洲沙漠地带。

鸵鸟是现存鸟类中最大的一种。鸵鸟雄鸟从头顶至足高约 2.5 米，从背至足高约 1.4 米，雌鸟稍小；两翅退化，胸骨的龙骨突不发达，不能飞；尾羽蓬松而下垂；足具两趾和肉垫，强而善走。

驼鸟善于奔跑，时速可达 80 千米。驼鸟栖息于荒漠有矮小灌丛和多刺树木的生境；常和斑马、羚羊、长颈鹿等集群活动。以植物为食，有时也吃昆虫和小型爬虫。驼鸟婚配制度为一雄多雌制，繁殖期一只雄鸟与 3～5 只雌鸟交配；在沙地上挖穴为巢，相配的雌鸟均在此穴内产卵；每穴内卵数为 15～60 枚，因不同亚种而异，

驼鸟

通常一只雌鸟能产 6～8 枚卵；卵呈乳白色，大小约 150 毫米×125 毫米，经过 35～42 天孵化，雏鸟破壳而出。世界各地有很多人工饲养种群。

驼鸟除可供观赏外，人工饲养个体的羽毛为名贵饰物，肉还可食用。此外，原非洲驼鸟索马里亚种现已独立为索马里驼鸟。

第18章

鸮形目

鸮形目是鸟纲一目。夜行猛禽。鸮形目下分草鸮科和鸱鸮科两科。草鸮科世界有 16 种，中国有 3 种。鸱鸮科世界有 189 种，中国有 24 种。此目鸟类均属国家保护动物。

鸮形目鸟类嘴坚，成曲钩状。嘴基蜡膜为硬须掩盖。尾短圆。脚强健有力，常全部被羽，第 4 趾能向后反转。爪大而锐。雏鸟晚成性。尾脂腺裸出。无副羽，间或留存，但形甚小。雌鸟较雄鸟大，脸呈盘状，眼形大，两眼均向前，羽毛柔软。夜间活动，飞时无声，营巢于树洞或岩隙中。

猫头鹰

猫头鹰是鸟纲鸮形目鸟类的俗称。夜行性猛禽。因面形似猫，故名。

猫头鹰头部具有脸盘，眼大而圆。白天多匿伏于树洞、岩穴或浓密的草丛中，夜间捕食。主要以昆虫、鼠类、蜥蜴、蛇类、鱼和小鸟等为食。繁殖期在 3 ～ 7 月。营巢于树洞、岩洞中，或抢占喜鹊、乌鸦等鸟类的巢，偶见营巢于地面。

鹰鹃

鹰鹃是鸟纲鹃形目鸥鹃科鹰鹃属的一种。分布于自西伯利亚东部向南，经朝鲜半岛、日本至东南亚各地，西至印度和斯里兰卡。中国分布在自乌苏里江流域起，向西南方向经吉林、辽宁、河北，直至四川、云南，以及此线以东的广大地区，包括福建、广东和台湾。

鹰鹃全长约25厘米。上体呈深褐色，下体呈白色且密杂以褐斑。在中国东部地区常见，多在园圃树丛和树林中栖息。常白昼出游，但午夜后才开始鸣叫。飞行力强而迅速，常从栖息处突然飞出，到空中捕食飞虫，以松毛虫、金龟子、鳞翅目昆虫等为食，也食小型哺乳类以及一些植物。在天然树洞中产卵，每窝3～5枚。卵圆形或椭圆形，呈光滑的白色。由于嗜吃昆虫和昆虫卵，对森林有益。《中国生物多样性红色名录——脊椎动物卷（2020）》将其均评估为近危（NT）物种。

角 鹗

角鹗是鸟纲鹗形目鸥鹗科一属。世界有63种。除大洋洲、南极洲外，全世界均有分布。中国有黄嘴角鹗、纵纹角鹗、红角鹗和领角鹗等种，除青藏高原外，各地都可见到。

角鹗翎领不显或阙如，耳羽发达；体形较小，翅长在25厘米以下。红角鹗是此属的常见种，全长约18毫米。全身大都呈灰褐色且有黑褐色斑；头上有耳突；两腿被羽到趾基。白天藏在多叶的树枝上，不鸣叫。夜间出动觅食，叫声洪亮，在繁殖期常彻夜鸣叫不休。夜间能发现远处的小动物，并飞往捕食。嗜食昆虫，也吃啮齿动物和食虫类动物。巢营于树洞间。卵呈纯白色，无光泽。《中国生物多样性红色名录——脊椎动物卷（2020）》将黄嘴角鸮和纵纹角鸮评估为近危（NT）物种，将红角鸮和领角鸮评估为无危（LC）物种。

草　鸮

草鸮是鸟纲鸟纲鸮形目一科鸟类的统称。

草鸮有草鸮属和栗鸮属两属，共 16 种，广布全球。中国有仓鸮、草鸮和栗鸮 3 种，见于云南、贵州、广东、广西、福建及安徽南部。草鸮科的代表种为草鸮，数量最多，分布最广，见于印度、菲律宾、澳大利亚，以及非洲地区；中国见于云南、贵州、广东、广西、福建、安徽和台湾。

草鸮全长 30 ～ 54 厘米。头骨狭长，宽不及长的 2/3；面盘完整，下方变狭，呈心形；中爪具栉缘；脸盘呈辉棕色。眼的前上方有一黑褐色斑。上体两翅的覆羽和三级飞羽均为鲜亮的黑褐色，各羽近端处大都具一呈棕色或白色细点；后颈的羽缘亦呈棕色，且特别显著。尾羽和两翅的飞羽呈棕色且具若干黑褐色狭形横斑，羽端更杂以褐色斑驳。下体呈鲜丽的淡棕色，尾下覆羽接近白色。胸和两胁均满布小褐点。

草鸮栖息于山麓草地，以小型鼠类、鸟类、蛇、蛙和昆虫等为食。产卵在平地长草地带。因嗜食小型鼠类和昆虫而对农业有益，但也捕食一些有益动物。《中国生物多样性红色名录——脊椎动物卷（2020）》将其评估为近危（NT）物种。

小 鸮

小鸮是鸟纲鸮形目鸱鸮科一属。分布于欧洲、非洲东北部和亚洲，有3种。中国只有纵纹腹小鸮一种，分布于淮河、秦岭以北广大地区。

小鸮全长约24厘米。耳羽小；体羽大都呈褐色；背羽具白斑；腹部具纵纹；尾较短，约为翅的2/3。

纵纹腹小鸮的眼先、脸和额呈白色；上体呈暗沙褐色且具棕白色羽轴斑或圆形斑；飞羽呈褐色；翅上覆羽与背同色；尾羽呈暗沙褐色；颈侧有一褐色带，向前至胸部，彼此相连接；下体呈棕白色，胸和两胁具褐色粗纵纹；跗跖和趾均被棕白色羽毛。常单个停息于乔木上。以昆虫为食，属于益鸟。

第19章

雁形目

雁形目是鸟纲一目。分布于全世界，大多具有季节性迁徙的习性。

雁形目鸟类属中、大型游禽。羽毛致密；嘴多扁平，先端具嘴甲，两侧具栉缘；前趾间具蹼，后趾形小而离地。雌雄外形不同，雄性具交接器。在地面上或树洞中营巢。雏鸟早成性。雁形目有鸭科和叫鸭科2科。鸭科是一类重要资源，世界有160种，中国有50种，常见有绿头鸭、天鹅和豆雁等。

树　鸭

树鸭是鸟纲雁形目鸭科的一属。树鸭在全球共有8种，中国仅分布1种，即栗树鸭。分布于环热带区，大部分为留鸟，少数迁徙。

树鸭为小型鸭类，左右翅各有一枚形状特殊的飞羽，飞行中与空气摩擦能发出轻而尖的啸声，故又称啸鸭。

树鸭

形态似天鹅，嘴形广平，秃颈，长腿，跗跖前缘被以网状鳞，后趾仅具狭形瓣蹼，后趾（连爪）的长度为其宽度（连同瓣蹼）的 3.5 ～ 4 倍；两性羽色均鲜艳。

树鸭以栖息、营巢于树上而得名，潜水能力强；多生活于富有植物的池塘、湖泊、水库等水域中，也出现在林缘沼泽和四周有植物覆盖的水塘和溪流中。以植物种子及嫩茎叶为主食。繁殖时，营巢于地上草丛、芦苇沼泽地和树洞中；窝产卵 8 ～ 14 枚；雌雄共同孵卵，孵化期 27 ～ 30 天。

栗树鸭

栗树鸭是鸟纲雁形目鸭科树鸭属的一种。

◆ 地理分布

栗树鸭为单型种，无亚种分化。栗树鸭在中国主要繁殖于云南南部及广西西南部，夏季偶尔出现在长江下游、广东南部、海南岛及台湾。在国外，栗树鸭分布于印度及东南亚国家和地区。

◆ 形态特征

栗树鸭为中小型鸭类。两性相似，体长 37 ～ 42 厘米，体重仅 400 ～ 600 克。体羽红褐色；头顶深褐色，头、颈部皮黄色，自枕至后颈有一条黑褐色的纵纹；上体主要为黑褐色，背部褐色具棕色扇贝形纹，尾上覆羽及翅上覆羽栗红色，尾黑色，大覆羽及飞羽黑褐；下体红褐色，但尾下覆羽棕白色。眼具狭窄的黄色眼圈，不易察觉。

◆ 生物学习性

栗树鸭栖息于富有植物的池塘、湖泊、水库等水域中，也出现在林缘沼泽和四周有植物覆盖的水塘和溪流中。喜欢隐匿在高草丛中或荷叶下，有时成群停歇在开阔水面；于黄昏后至栖息处附近稻田取食，主要以稻谷、水生植物种子和嫩芽为食，也吃小鱼和软体动物；常在夜间、清晨和傍晚

栗树鸭

活动，繁殖期昼夜觅食。性机警，每群均有几只个体处于警戒状态，遇危险先被惊飞；飞行力弱，飞行速度亦不及其他鸭类，边飞边发出轻而尖的叫声；善游泳及潜水取食。繁殖期在 5 ～ 7 月，营巢于林下、灌丛地面草丛中或芦苇沼泽地和树洞中，巢以茅草搭成，内铺蕨叶和羽毛等；窝产卵 8 ～ 14 枚，卵呈白色；雌雄交替孵卵，孵化期约 30 天。

◆ 种群动态与保护措施

栗树鸭在中国南方多为夏候鸟，迁来时正值水稻育秧期，常掘食稻种，秋后结群在田中取食成熟稻谷。因栗树鸭常成群出现取食稻谷等，曾被农民视为害鸟而大量捕猎，加之环境污染和农药的大量使用，导致其种群数量明显下降。栗树鸭在中国已被列为国家二级保护野生动物，《中国生物多样性红色名录——脊椎动物卷（2020）》将其评估为易危（VU）物种，应加强保护宣传和增加公民的爱鸟、护鸟意识，减少各类环境污染，保护其栖息地和觅食地。同时，应采取经济补偿等措施解

决农民利益与鸟类保护之间的冲突。

棉凫

棉凫是鸟纲雁形目鸭科鹊鸭属的一种。又称棉花小鸭、小白鸭子、八鸭。

◆ 地理分布

棉凫分为两个亚种，即指名亚种和澳洲亚种。前者分布于亚洲东部和东南部的大部分地区，从阿富汗到印度，再到菲律宾、苏拉威西岛及巴布亚新几内亚的北部；后者主要分布于澳大利亚东北部。分布于中国的为棉凫指名亚种，见于东部和东南部地区。

◆ 形态特征

棉凫体重 260～300 克，体长 30～36 厘米。嘴形似鹅，嘴基部高，向前渐狭。雄鸟额和头顶黑褐色，前额具一白点；颈的基部有一黑色领环，头和颈的余部均为白色；上体黑褐色，具金属光泽；初级飞羽中部白色，形成翼镜；尾上覆羽白色，密杂以虫蠹状细斑；尾暗褐色；羽端浅棕色；下体除上述的黑色领环和褐色尾下覆羽外均为纯白色。雌鸟羽色与雄鸟相似，但黑色部分无金属光泽，颈无领环，翅上无翼镜，尾下覆羽非褐色；两眼贯以黑褐色粗纹；头与颈的白色羽

棉凫

毛满布以褐色细纹，两胁白而具较粗的褐斑。

◆ 生物学习性

棉凫平时栖息于河川、湖泊、池塘、沼泽内，尤喜在有水生植物的开阔水域活动。常成对或成几只至 20 多只的小群活动，非繁殖季节聚集成较大群；善游泳及潜水，但很少潜水。杂食性，食物以植物种子、草和水生植物的绿色部分为主，偶尔也取食一些昆虫等无脊椎动物。繁殖期在 6～8 月，营巢于近水树洞，卵呈纯白色，大小约 45 毫米×32 毫米。

◆ 种群动态与保护措施

棉凫分布广，数量较多，因此未被列入世界自然保护联盟（IUCN）全球受胁物种名录。在中国，棉凫曾遍布长江以南地区，但种群数量已锐减，已被列为国家二级保护野生动物，《中国生物多样性红色名录——脊椎动物卷（2020）》将其评估为濒危（EN）物种，需要加强保护。

鹊 鸭

鹊鸭是鸟纲雁形目鸭科鹊鸭属的一种。

◆ 地理分布

鹊鸭因黑白羽色酷似喜鹊而得名，共两个亚种，分布于全世界。鹊鸭繁殖于北美洲北部、欧洲中部和北部及西伯利亚地区，越冬于繁殖区的南方。在中国，鹊鸭分布有指名亚种，繁殖于大兴安岭，越冬于华北地区、东南沿海和长江中下游，除海南外见于全国各地。

◆ 形态特征

鹊鸭体重（雄鸟）780～1000 克，翅长（雄鸟）202～221 毫米；

虹膜黄色，脚黄色。雌雄异色。雄鸟嘴黑色，头黑色，两颊近嘴基处各有一白色大圆斑；繁殖期雄鸟上体黑色，胸腹白色，次级飞羽极白，头余部黑色带紫蓝色光泽。雌鸟体形略小，嘴黑色，尖端橙色；头和颈褐色，颊无白斑；颈部有污白色圆环；下颈连胸、胁呈石板灰色；上体余部褐色，羽缘较淡。

◆ **生物学习性**

鹊鸭常栖息于江河、湖泊、水库、河口、池塘、溪流、沼泽及沿海水域。性机警，善游泳，游泳时尾翘起，能长时间潜入水下。食物主要为甲壳类、昆虫、蠕虫、软体动物、小鱼、蛙及蝌蚪等水生动物，兼食水生植物的种子、根及芽。平时不鸣叫，繁殖季节常发出噪声。鹊鸭飞翔时翅膀拍动十分迅速，并能发出尖锐哨声。鹊鸭为候鸟，在

鹊鸭

中国沿海越冬时，集群几十只至数百只，甚至多达上千只。繁殖期在5～7月，营巢于水域岸边天然树洞中，每窝产卵8～12枚，卵呈蓝绿色，孵化期约30天。

◆ **种群动态与保护措施**

鹊鸭分布范围广，为常见水鸟之一。鹊鸭虽未被列为受胁鸟种，也应关注其种群动态和栖息地保护。

鸳 鸯

鸳鸯是鸟纲雁形目鸭科鸳鸯属的一种。

◆ 地理分布

鸳鸯为单型种，无亚种分化。野生种群繁殖于俄罗斯乌苏里兰、哈巴罗夫斯克（伯力）等地，繁殖区域直至泽雅河口湾西部、中国北部和西南地区、库页岛、国后岛和北海道以及日本主要岛屿的最北部。鸳鸯越冬期主要栖息于中国东部、中部、南部及台湾等地，也见于韩国和日本本州，小部分会到达缅甸和印度东北部。鸳鸯已被人为引种到英国、法国、比利时、荷兰、德国、丹麦、奥地利、瑞士等国家。

◆ 形态特征

鸳鸯为小型游禽，体长 41～51 厘米，体重 444～500 克。雄鸟在非繁殖季羽色暗淡，繁殖季羽色异常艳丽。雄鸟额和头顶中央翠绿色，并具金属光泽；枕部铜赤色，与后颈的暗紫绿色长羽组成羽冠；白色眉纹，后缘汇入羽冠，翎羽橙红色，胸暗紫色，羽帆橙红色；尾羽暗褐色而带金属绿色。雌鸟羽冠短，贯眼纹白色，上体灰褐色，无帆羽。幼鸟形态特征与雌鸟相似。

◆ 生物学习性

鸳鸯主要栖息于有静水或流速缓慢水域的中纬度阔叶林区，早晚活动频繁，成鸟主要以种子、小型坚果、鱼类或蛙类为食，雏鸟主要以无脊椎动物为食。鸳鸯亚洲种群主要越冬于中国东部低纬度地区，日本和英国种群很少迁徙。

鸳鸯于每年 4 月进入繁殖期。营巢于较大的啄木鸟旧洞或天然树洞，巢内以绒羽作为内衬铺垫；种内巢寄生行为较为普遍，虽每窝产卵 9 ～ 12 枚，但巢内的卵数有时达 30 多枚，孵化期28 ～ 30 天。

鸳鸯

◆ 种群动态与保护措施

据估计全球鸳鸯种群数量为 6.5 万～ 6.6 万只。鸳鸯分布范围广，不接近物种生存的脆弱濒危临界值标准（分布区域或波动范围小于 2 万平方千米，栖息地质量、种群规模、分布区域碎片化），因此被评价为低危（LC）物种。在中国，由于森林砍伐和捕猎，鸳鸯种群数量有持续减少趋势，因此已被列为国家二级保护野生动物，《中国生物多样性红色名录——脊椎动物卷（2020）》将其评估为近危（NT）物种。保护鸳鸯，应杜绝非法捕猎，加强其栖息地的保护，加强保护宣传和增加公民的爱鸟护鸟意识。

中华秋沙鸭

中华秋沙鸭是鸟纲雁形目鸭科秋沙鸭属的一种。

◆ 地理分布

中华秋沙鸭为单型种，无亚种分化。繁殖在俄罗斯东南部，朝鲜，中国东北部的黑龙江、吉林及内蒙古地区；大多数越冬于中国中部和南部地区，少数越冬于日本、韩国、缅甸和泰国，零星个体越冬于俄罗斯东南部和朝鲜。

◆ **形态特征**

中华秋沙鸭羽冠长而明显，成双冠状。嘴长而窄，呈红色。雌雄异色。雄鸟头、上背及肩羽黑色；下背、腰和尾上覆羽白色，翼镜白色，下体白色，两胁具黑色鳞状

中华秋沙鸭

纹。雌鸟头和颈棕褐色，具有羽冠；喉部淡棕色，上体灰褐色，胸部白色杂以褐色鳞斑。胸部白色可区别于红胸秋沙鸭，体侧具鳞状纹有异于普通秋沙鸭。

◆ **生物学习性**

中华秋沙鸭繁殖期主要栖息于成熟阔叶林和针阔混交林附近水流湍急的多石河谷和溪流中；越冬时多栖息于迂缓开阔的河流和湖泊中，常结小群活动，潜水捕食鱼类。在 4 月初到 4 月中旬产卵，窝孵数 8 ～ 14 枚，孵化期 28 ～ 35 天。雏鸟出巢后，成家族群活动。

◆ **种群动态与保护措施**

中华秋沙鸭种群数量小，且由于栖息地丧失和人为干扰的影响，数量呈持续下降趋势，因此已被世界自然保护联盟（IUCN）列为濒危（EN）等级物种。在中国，已被《中国濒危动物红皮书·鸟类》列为稀有种，

是国家一级保护野生动物,《中国生物多样性红色名录——脊椎动物卷（2020）》将其评估为濒危（EN）物种。保护中华秋沙鸭,应减少人为干扰,加强对其栖息地的保护与恢复;除设立自然保护区外,还应加强鸟类保护宣传,增加爱鸟护鸟的公民意识。

斑头雁

斑头雁是鸟纲雁形目鸭科雁属一种。又称白头雁、黑纹头雁。中国特有种,主要分布于青藏高原。

斑头雁体形较鸿雁小,全长 75 ～ 85 厘米。颈部较鸿雁短;雌雄羽色相似。头顶呈污白色,后头有两道黑色带斑,后颈呈暗褐色,颈的两侧均呈白色;上体大部呈灰褐色,羽缘呈浅棕色或白色;颏和喉部呈污白色;前颈呈暗褐色,向后转为灰色,羽缘色较淡,下腹和尾下覆羽呈污白色;胁羽呈暗灰色且有暗栗色宽阔羽端斑。

在高原湖泊地区繁殖。斑头雁在水中配对。交尾后开始选地筑巢。巢呈盘状,略高出地面,内铺草茎和藻类碎块。每窝产卵 2 ～ 8 枚。雌鸟孵卵,孵化期 29 天。雏鸟经 70 天长成。

斑头雁从 7 月中旬开始换羽,首先脱换全部飞羽,因而失去飞翔能力。这时,它们集中在水草茂盛、人迹罕至的湖湾。换羽期 1 个多月。9 月开始迁飞至中国四川、云南,以及印度和缅甸北部越冬。

豆 雁

豆雁是鸟纲雁形目鸭科雁属的一种。俗称大雁。分布于西伯利亚和中国东部。

豆雁全长 71 ～ 79 厘米。头颈呈棕褐色，前额或具狭窄白斑；上体呈灰褐或棕色；尾呈黑褐色，尾端呈白色；喉和上胸呈棕褐色，胸以下呈污白，两胁有褐色横斑；嘴呈黑色，中间有一条黄或粉色横斑；脚呈橙黄或粉色。

豆雁在中国主要为冬候鸟，见于长江南北的江河、湖泊、水库和农田中。数量居中国雁类之冠。每年 3 月中至 4 月初和 9 月底至 10 月初迁徙时路经北京。飞行时以十余只至数十只为一组，排列成整齐的"一"字形或"人"字形的队列，交替交换队形，边飞边叫，缓缓前进。性机警，在就食或憩息时，总有一只充当"哨兵"。通常夜间取食，以薯类和谷物为食，也吃青草、菱角、荸荠等。

鸿　雁

鸿雁是鸟纲雁形目鸭科雁属的一种。家鹅的原祖。分布于西伯利亚和中国。

鸿雁雄鸟全长约 90 厘米。雌鸟稍小。嘴呈黑色，较头部长；头顶呈白色，正中呈棕褐色，上体大部呈灰褐色，羽缘色淡直至白色；前颌下部和胸部均呈肉桂色，向后渐淡至下腹呈纯白色；两胁具暗色横斑；尾下覆羽和尾侧覆羽均呈白色。老年雄雁的上嘴基部有疣状突；跗跖呈橙黄色；爪呈黑色。

鸿雁栖息于河川、沼泽地带。夜间觅食植物，白天在水中游荡。春、夏之间在中国内蒙古东北部和黑龙江流域繁殖。在河中沙洲、湖中小岛或洼地的草丛中营巢。每窝产卵 4 ～ 8 枚。卵呈乳白色。秋季南迁，常结群飞行高空，列成 V 形，不时发出洪亮的叫声。在中国东部至长江中、下游以南地区过冬。《中国生物多样性红色名录——脊椎动物卷（2020）》将其评估为易危（VU）物种。

斑嘴鸭

斑嘴鸭是鸟纲雁形目鸭科鸭属一种。又称麻鸭、谷鸭、败鸭、火燎鸭、黄嘴尖鸭、夏凫。家鸭的原祖之一。广布于古北界与东洋界，在中国主要在东北、华北和内蒙古繁殖。在长江中、下游和华东地区终年留居，西藏南部为越冬地。

斑嘴鸭全长约 60 厘米。雌雄羽色相差不大。嘴呈黑色，端部呈黄色；体羽大部呈棕褐色；白眉斑较明显；翼镜呈金属蓝绿色并闪紫辉；颊、额、喉和前颈呈沾黄的白色。

斑嘴鸭 3 月中旬开始向北迁移。杂食性，以植物为主。5 ～ 7 月繁殖。巢常筑在河流、湖泊或其他水边的草丛、竹丛或芦苇丛中，有的营巢于海岸岩石间。巢多用于草、芦苇叶铺垫，最上层有绒羽和碎草片。每窝产卵 6 ～ 12 枚。卵呈乳白色，有的沾黄或淡青。孵化期 24 天。7 月下旬开始结成大群，白天隐匿在蒲苇等处换羽，夜晚在开阔的水面上觅食游荡。换羽后南迁。

赤麻鸭

赤麻鸭是鸟纲雁形目鸭科麻鸭属一种。又称黄鸭。分布于欧洲东南部至亚洲中部，以及非洲西北部。中国各地可见。

赤麻鸭全长约 62 厘米。外形似雁，腿强健有力，适于行走。雄鸭头顶呈棕白色，颈呈淡棕黄色，繁殖期颈基有一窄黑环；上体呈赭黄色，翅尾呈黑色，翅上覆羽呈白色且泛棕色；下体色浓接近栗色。雌鸭羽色较淡，颈基无黑环，眼呈暗褐色，嘴呈黑色，脚呈黑黄色。

赤麻鸭是草原－荒漠型的种类，对生态环境有很强的适应能力，从低海拔盆地到约 5000 米的高寒山区，到处都有它们的踪迹。通常成对或结小群在湖畔、沙洲或海涂上活动。性机警，遇有危险可发出警戒声。以植物性食物为主，兼吃昆虫、螺、虾等。

赤麻鸭 4 月下旬开始在中国北方繁殖。在离水较远的草丛和苇垛中或山地的岩石缝隙中营巢。在荒漠地带，它们常在胡杨的树洞中筑巢，也利用旱獭的弃洞和猛禽的废巢产卵。每窝产卵 8 ～ 10 枚。卵呈乳白色。孵化期 28 ～ 30 天。雏鸭破壳后，由亲鸭领到附近的湖泊中去。在山地营巢的亲鸭，常背负雏鸭飞往水中。繁殖过后 1 个或几个家族一起活动。迁徙时经东北南部和华北地区，到华中、华南和西南地区越冬。

花脸鸭

花脸鸭是鸟纲雁形目鸭科鸭属一种。因雄鸭脸部羽色华丽得名。在西伯利亚东部及中国东北繁殖，到中国沿海地区和日本越冬。

花脸鸭雄鸭全长约 40 厘米。头部鲜艳呈黑、黄、绿三色，并有黑色贯眼纹；背、胸部呈浅褐色，散有黑点；两胁呈灰色且有虫样细斑。雌鸭体形较小，羽毛多黄褐色且缀有斑纹，嘴基具有一显著白点。

花脸鸭每年秋季南迁时，常集结成多达 1000 ～ 2000 只的大群。次年 3 月北返。主要在中国长江流域和东南地区越冬。常栖息于河川和湖泊，夜晚觅食，主要以藻类、螺类等为食，也吃谷粒和其他植物的种子。20 世纪 80 年代以来，此种数量急剧下降，被列入世界易危鸟类。《中国生物多样性红色名录——脊椎动物卷（2020）》将其评估为近危（NT）物种。

针尾鸭

针尾鸭是鸟纲雁形目鸭科鸭属的一种。又称尖尾鸭。分布于欧洲、亚洲和北美洲；在中国，繁殖于东北和新疆等地。

针尾鸭雄鸭全长约 60 厘米。头部呈暗褐色，后颈中央羽绒呈黑色，在黑色后颈两侧和褐色喉部之间有一条白色宽带，后连于白色的下体；背和两胁均布满黑白相间的虫囊状横斑；外侧尾羽呈灰褐色，中央 2 枚尾羽特别长，先端尖锐。雌鸭体形较小；头和背大都呈褐色，缀以白色斑；翼镜不明显，呈黑色而有铜绿光泽。

针尾鸭常栖息于沼泽地带以及水草茂盛的河流、湖泊的沿岸，有时也到海滨。杂食性，以植物为主。性怯懦，稍有动静立即飞起。在灌木丛或草丛中营巢。每窝产卵 7 ～ 12 枚，卵呈黄绿或淡黄色。

瘤头鸭

瘤头鸭是鸟纲雁形目鸭亚科栖鸭属一种。又称麝香鸭、疣鼻栖鸭、番鸭或巴西鸭。欧洲许多国家称之为火鸡鸭，在法国则称为蛮鸭。

瘤头鸭原产于美洲热带雨林，是不太喜欢游水的森林禽种，善飞，墨西哥、巴西和巴拉圭至今仍有野生种。

经驯化的瘤头鸭体质健壮，体躯长宽，与地面呈水平状态。头、颈中等大小，眼周围和喙的基部有皮瘤。头颈部有一排纵向长毛，受惊时竖起呈刷状。胸、腿肌发达，翅膀较长（30～50厘米），有一定飞翔能力。腿较短而健壮，步态缓慢而平稳。尾较长而窄。羽毛有黑、白、褐、浅蓝、青铜和青灰等色。黑羽鸭的羽毛带绿色光泽，皮瘤黑红色，较单薄，喙红色带黑斑，虹彩浅黄色，胫、蹼多黑色。白羽鸭的喙粉红色，皮瘤鲜红色，肥厚，虹彩浅灰色，胫、蹼橙黄色。黑白花羽鸭，喙红色带有黑斑，皮瘤红色，胫、蹼暗黄色。瘤头鸭鸣声低哑。公鸭在繁殖季节散发麝香气味。

瘤头鸭性情温驯，爱清洁，从不脏污垫草及其所产的蛋。成年公鸭体重2.2～5千克，母鸭2～3千克，早期生长速度较一般肉用型鸭迟3～4周，但胴体的胸、腿产肉率比北京鸭高约8%，因而在肉鸭业产品中所占比重日益提高。成熟期6～9月龄，年产蛋60～120个，蛋重70～80克，蛋壳白色。善抱窝，孵化期35～36天；雏鸭生活力强，易管理。

瘤头鸭与家鸭杂交产生的一代杂种称半番鸭，亦称骡鸭，无繁殖能力，雌雄体重相似，性情驯顺，耐粗饲，增重快且肉质好，被广泛用于肉鸭和肥肝生产。此品种从东南亚引进中国至少在 250 年以上，基本分布在长江中下游以南各省。其与北京鸭的杂交一代 7 ～ 10 周龄，活重达 3 ～ 5 千克，瘦肉率高，肉质细嫩；至 3 ～ 4 月龄经 2 ～ 3 周专门填肥，每只可产 400 克左右的肥肝。

绿翅鸭

绿翅鸭是鸟纲雁形目鸭科鸭属的一种。繁殖于欧亚大陆北部；迁徙时遍及中国东北、华北全境；在非洲及欧洲、亚洲南部越冬。在中国的越冬区从河北起，南至海南，西达新疆和西藏南部。

绿翅鸭体形小，全长约 37 厘米。雌雄异色。雄鸟头颈呈暗栗色，头侧有 1 条辉绿色带斑自眼周延至后颈，带斑上下缘有棕白色狭纹；下颈、肩及两胁呈灰黑色且密布白色虫蠹状细纹；翼镜呈金绿色，外缘呈绒黑色；下体呈棕白色，胸部缀有黑色斑点，颏及尾下覆羽呈黑色。雌鸟背呈棕黑色且有棕黄色 V 形斑；下体与雄鸟相似；嘴呈黑色；腿呈棕褐色。

绿翅鸭在中国境内基本上属旅鸟和冬候鸟，8 月下旬迁往中国南方越冬，次年 3 ～ 4 月北返。迁飞时常集结成千上万的大群。9 月中旬抵长江流域，10 月初到达东南沿海一带。在越冬地区常栖息在水草丰盛的湖面上和沿海的潮间带。在南迁中和到达越冬地的初期嗜食稻谷，秋后以水生植物种子、嫩芽及少量软体动物为食。

绿头鸭

绿头鸭是鸟纲雁形目鸭科鸭属的一种。家鸭的原祖之一。夏季在欧洲、亚洲和北美洲北部繁殖，秋间迁至非洲北部、印度、中国南部、日本和墨西哥越冬。

绿头鸭体形似家鸭。雄鸭全长约60厘米。上体呈黑褐色，头颈呈灰绿色，白色颈环与栗色胸部相隔；下体呈灰白色；翼镜呈紫蓝色，上下缘有宽阔的白边；中央2对尾羽呈绒黑色，末端向上卷曲。雌鸭背部呈黑褐色，各羽有浅棕色宽边；腹部呈浅棕色且杂有褐色斑点；翼镜与雄鸭相似。

绿头鸭9月成群迁徙到水生植物丰盛的湖泊、池塘、河流和水库。主要为植食性。在中国东北地区，4月下旬开始繁殖。在水边、草丛间营巢。每窝产卵8～11枚。卵呈纯白色或略带淡绿。孵化期24～26天。夏秋之间全部换羽，秋冬之间部分换羽。换羽后常和斑嘴鸭混群。

罗纹鸭

罗纹鸭是鸟纲雁形目鸭科鸭属的一种。在西伯利亚东部繁殖，于朝鲜半岛、日本、中南半岛、印度和中国东部河北以南的地区越冬。中国仅在大兴安岭和吉林中部有繁殖记录。

罗纹鸭雄鸭全长约50厘米。头顶呈暗栗色，枕冠和头侧呈金属铜绿色；喉和前颈呈白色，中间有一圈黑绿色领环；上体呈灰白，杂有褐色波状细纹，至下背后转为暗褐色；翼镜呈墨绿；三级飞羽特长而向下弯曲，似镰刀状；下体呈灰白色且密布褐斑。雌鸭略小；上体呈黑褐色，杂有棕色 V 形斑；下体呈棕白色，密布黑褐色新月形斑和点斑；嘴呈黑色；脚呈青灰色。

罗纹鸭在 7 月中、下旬脱换飞羽之前，一般进行局部迁徙，于夜间飞抵换羽区。换羽区通常在南迁的中转地，如内蒙古乌梁素海和乌拉盖等地。换羽时飞羽几乎同时脱落，其间常与绿头鸭、斑嘴鸭、紫膀鸭、琵嘴鸭等混杂，结群至数百只。9 月下旬开始结成小群南迁。冬季遍布于河北省以南的河流、湖泊、水库和沼泽中。在越冬区与其他野鸭混杂成大群，白天在湖面和沙洲上停歇，黄昏后去浅滩和稻田中觅食。主要以藻类、杂草种子和稻谷为食。

鹅

鹅是鸟纲雁形目鸭科雁属一种。大型水禽。善食草，适于水乡和丘陵等地区放牧饲养。

多数学者认为，欧洲鹅的祖先是灰雁，中国鹅的祖先是鸿雁。欧洲鹅外形硕大，颈粗短，体躯丰满，与地面呈水平或前胸略高，头部无肉瘤。中国鹅体躯呈斜方形，颈长，喙基部上端有明显的肉瘤。鹅驯化历史悠久。埃及曾发现距今约 4000 年的养鹅壁画。中国河南安阳的殷墟文化遗址中，也有公元前 12 世纪的玉鹅墓葬品出土。

◆ 类型和特性

按体形可分为大、中、小 3 种，其中以中、小型居多。大型成年鹅有欧洲种的图卢兹鹅、爱姆登鹅，以及中国的狮头鹅等；中型种有玛塞布鹅、莱茵鹅，以及中国的武冈铜鹅、广东阳江鹅、安徽雁鹅、湖南溆浦鹅等；小型种体小而产蛋量高，有江苏太湖鹅、广东清远鹅、东北地区的豁眼鹅和山东五龙鹅等，有的年产蛋可达 100 ～ 120 个，而大型鹅仅产 25 ～ 35 个。

按羽色鹅可分为白色和灰褐色两种。前者足及喙橙黄色，体形较小；后者体形较大，中国古代称苍鹅，色黄褐、灰褐到乌鬃间有白色羽毛或白羽轮，也有白羽中带灰褐毛或灰褐毛中带白毛的。鹅的趾间有蹼，善游泳。眼光锐利，听觉敏捷，警觉性高，可用作警卫工具。喙为扁平型，喙边有坚硬成锯齿状角质化突起，便于挖掘和撕断草根。嗉囊不发达，但肌胃压缩力比鸡大一倍，盲肠也较鸡、鸭发达。对青草、糠麸、谷实的消化吸收能力很强，采食量大，适合放牧饲养，或作短期填肥。

◆ 饲养和繁殖

雏鹅宜分小圈饲养，每圈 10 ～ 15 只，以防堆挤受伤。初期宜喂碎米、粗碎的麦粒和玉米等，拌以切细的青料或菜叶。天气暖和时，出雏后 7 ～ 10 天就可赶到青草繁茂的地方放牧。放牧时间逐渐增加，一般不待羽毛长齐即可全天放牧。鹅的觅食能力强，在中国东北地区冬季还能采食草根，在南方地区水面结冰时也能破冰潜入水底采食水生植物。收割后的谷物田地，可作为放牧催肥的场所，但舍饲和大群集约化饲养的增重较快，效果较好。

鹅的公母配种比例不高，自然交配大型种为 1：4 ～ 1：3，小型的太湖鹅为 1：7 ～ 1：6。成年鹅行动缓慢，产蛋期母鹅不能急速驱赶。采用人工授精繁殖时，受精率为 80% ～ 84%。孵化期 30 ～ 31 天。孵化后期由于胚胎自身发热量增高，易造成后期超温。因此，在孵化 16 ～ 17 天后每天上下午各凉蛋一次，每次约 30 分钟。鹅品种间杂交和杂种优势的利用已取得良好效果。

◆ 产品

鹅肉中赖氨酸、组氨酸和丙氨酸的含量丰富，营养价值高，肉味鲜美。西方国家有吃烤鹅的习惯。中国许多地方风行吃烤鹅肉，广东的烤鹅、江苏的盐水鹅、苏州的糟鹅等都是名肴。鹅的羽绒富弹性，结实，耐磨，隔热和抗吸水等性能也好，可用于制作羽绒被、羽绒服。鹅肥肝质地细嫩，别具风味，风行国际食品市场。

天　鹅

天鹅是鸟纲雁形目鸭科一属，是鸭科中个体最大的类群。

天鹅颈修长，几与身躯等长；嘴基部高而前端缓平；尾短而圆；蹼强大，但后趾不具瓣蹼。世界有 5 种，中国有大天鹅、小天鹅和疣鼻天鹅 3 种。

大天鹅和疣鼻天鹅均在中国繁殖和越冬。小天鹅繁殖于欧亚大陆的极北部，迁徙时途经中国东北、内蒙古和华北，在长江中、下游和东南沿海地区越冬。

　　疣鼻天鹅是天鹅中最美丽的一种，全长约 1.5 米。体呈白色，嘴呈赤红色，前额有一黑色疣突。夏季见于中国北方草原—荒漠地区的湖泊、水库中，一般成对活动，在水面上常把颈弯成 S 形，并拱起蓬松的翅膀。以蒲根、野菱角和藻类为食，也挖食莲藕等。3 月底开始营巢繁殖。巢筑于蒲苇深处，呈圆形，以蒲苇茎叶搭成。每窝产卵 4～9 枚。卵呈苍绿色且有污白细斑。雌鸟孵卵。9 月下旬开始南迁，一般列队为 6～20 只。

　　《中国生物多样性红色名录——脊椎动物卷（2020）》将小天鹅、大天鹅和疣鼻天鹅均评估为近危（NT）物种。

第20章

鹰形目

苍　鹰

苍鹰是鸟纲鹰形目鹰科鹰属一种。又称鸡鹰、兔鹰、黄鹰、牙鹰、鹘鹰。广泛分布于北美洲、欧亚大陆和非洲北部。有 10 个亚种，中国有 4 个。

苍鹰体形中等，全长 47 ～ 59 厘米。嘴钩曲，上嘴切缘具弧状垂突；成鸟上体羽呈深苍灰色，头颈部呈暗灰黑色，后颈羽基部呈白色，常展露于外；下体羽接近白色，喉部满布纤细的褐色纵纹；胸腹部密布暗灰褐色细横斑；尾羽呈灰褐色，具 5 条黑褐色横斑，尾羽先端呈灰白色。雌雄鸟羽色相似，雌鸟体形稍大。虹膜呈金黄色，嘴呈铅灰蓝色，嘴端呈黑色；蜡膜呈黄绿色；脚呈橙黄色；跗跖前后缘均被盾状鳞片。

苍鹰通常在丘陵地带活动，性凶猛而狡猾，经常藏于枝叶茂密的丛林间，窥伺地面猎物，一经发现，即疾飞突袭。视力敏锐，双翅强健，动作敏捷，钩嘴与钩爪配合，极适于撕裂猎物。主要吃雉鸡类、野兔、野鼠和幼鹿。繁殖期在高树顶端营巢，巢皿状，用枯树构成。5 ～ 6 月产卵，每窝产卵 2 ～ 4 枚。卵呈淡青色，略缀淡青灰斑纹，或不甚明显的赤褐色斑。孵化期 35 ～ 38 天。主要由雌鸟孵卵，雄鸟捕食哺喂雏鸟。约经 45 天幼鸟飞出独立觅食。

苍鹰捕食大量啮齿类动物，对农、林、牧业极有益处。中国很早就驯养苍鹰，用于狩猎，现已禁止。苍鹰为《中国国家重点保护野生动物名录》中的二级保护动物，《中国生物多样性红色名录——脊椎动物卷（2020）》将其评估为近危（NT）物种。

蜂 鹰

蜂鹰是鸟纲鹰形目鹰科蜂鹰属的一种。分布于俄罗斯、日本、印度、中国等国，以及朝鲜半岛和东南亚地区。在中国主要在东北地区繁殖，在新疆、云南西北部、四川、华东和华南地区为旅鸟。

蜂鹰体形中等，全长 60 ～ 65 厘米。头侧部、眼先、眼周、前额和下嘴的颏部周围，均被细密的鳞状小羽片；头后枕部有数枚羽稍长，略成短羽冠；嘴较弱，直而细长，上嘴端微钩曲；尾细长呈灰褐色，具暗色宽带斑，并有若干白色波纹状横斑；喉部具黑褐斑纹；胸部和上腹具纵纹，下体余部均具横斑；体羽色泽变异较大，可分为浅色型、棕色型和暗褐色型。嘴呈黑色，嘴基部呈铅灰蓝色；蜡膜和脚呈黄色。

蜂鹰栖息于山麓林缘草地、村庄耕地和果园附近，通常单只活动；秋初常结小群南飞越冬；鸣叫声尖短，似哨音。嗜食蜂巢中的蜜、蛹、蜡和蜂类，也捕食蝗虫、蛴螬、蛙和蜥蜴等；迁徙季节还捕食结群南迁的小鸟。繁殖期间在高大树冠上营巢。5～6月产卵，每窝1～3枚，呈淡灰黄色略带红褐色，密布咖啡色点斑。孵卵期30～35天。雌雄均孵卵，幼雏哺喂40～55天后离巢。

世界自然保护联盟（IUCN）将蜂鹰评估为无危等级物种，中国已将其列入《国家保护的有益的或者有重要经济、科学研究价值的陆生野生动物名录》。

黑　鸢

黑鸢是鸟纲鹰形目鹰科鸢属的一种。又称老鹰。广泛分布于欧亚大陆、非洲、亚洲东部和东南部、大洋洲北部等地区。在中国各地可见，除极北地区冬季南迁外，均为终年居留鸟类。

黑鸢全长50～60厘米。全身羽毛呈暗褐色；两翅的初级飞羽呈黑褐色，飞羽基部内翈呈白色，在高空展翅翱翔时，双翅下方各有一明显大白斑；尾稍长，尾端深叉状，与其他猛禽尾形不同，极易识别。雌雄成鸟羽色类似；幼鸟体羽贯以棕白色宽阔纵纹，飞羽端呈白色。嘴呈黑色，下嘴基部和蜡膜呈浅黄绿色；脚呈铅灰黄色。

黑鸢栖息于旷野。天气晴朗时常在空中盘旋滑翔，寻觅猎物；大量捕食田间野鼠、害虫等,偶尔兼食小鸟、蛙、蛇、小鱼等;还从垃圾堆中寻找腐肉、残屑等。繁殖期结群或单独营巢,通常是在高大的树冠顶端或山崖以枯枝筑巢,内铺碎布、废纸、兽毛等。每窝产卵 2 枚。雌雄均孵卵,孵化期约 38 天。幼雏留巢哺育约 42 天后飞出。中国《国家重点保护野生动物名录》(2021)将黑鸢列为二级保护动物。

雀 鹰

雀鹰是鸟纲鹰形目鹰科鹰属一种。又称鹞子、鹞。分布于欧亚大陆和非洲西北部。在中国繁殖于天山山脉、东北、青海、四川北部和西藏南部;在华北地区为旅鸟;黄河和长江以南地区的为旅鸟和冬候鸟。

雀鹰雄鸟全长约 35 厘米,上体几乎呈纯青灰色,后颈羽基呈白色,常裸露;飞羽呈暗褐色,内翈杂以白斑;尾羽呈灰褐色且具 5 条黑褐色横斑;下体呈白色;喉部密布纤细的褐色纵纹;胸腹部具赤褐色横斑纹。雌鸟体形较大,上体呈灰褐色,下体自胸以下具黑褐色细横斑纹。幼鸟胸腹部具三角形或椭圆形黄褐色斑纹。嘴基部呈黄绿色,嘴呈黑色;脚和蜡膜均呈黄绿色。

雀鹰夏季栖于山麓林缘的草地,冬季到平原或丘陵地带活动。主要以啮齿类为食,也食昆虫、小鸟、斑鸠和岩鸽等。巢营于高山针叶林树顶端,距地 5～10 米,用枯枝筑成厚皿状。5 月产卵,每窝 2～7 枚。

卵呈淡青灰色，稍缀赤褐和淡紫色粗斑或斑纹。孵化期 32 ～ 35 天。雌鸟孵卵，雄鸟捕食饲育雏鸟。雏鸟留巢 24 ～ 30 天后飞出。

雀鹰可驯养为狩猎禽。中国《国家重点保护野生动物名录》（2021）将雀鹰列为二级保护动物。

秃 鹫

秃鹫是鸟纲隼形目鹰科秃鹫属的一种。分布于欧洲南部、亚洲和印度北部。中国西部和北部广泛分布，偶见于沿海各省。

秃鹫为大型猛禽，全长约 118 厘米。全身主要呈黑褐色；头部被以黑褐绒羽；颈后部分裸秃，呈铅蓝色；皮和颈部有皱领，为淡褐并近于白色。两翅宽大有力。嘴峰强而侧扁；爪呈黑色，不锋利。

秃鹫栖息于高原和山麓，常单独活动，在草原、山地等处的高空翱翔，寻觅动物的尸体为食。当食物缺乏时，也吃活动物。大多在高树营巢，少数把巢筑在岩石上。春季产卵，每产 1 ～ 2 枚，卵呈污白色，具斑。雌雄共同孵卵，孵化期 55 天。刚孵出的幼鸟全身密生灰色稚羽，颈侧裸出，生长较慢。《中国生物多样性红色名录——脊椎动物卷（2020）》将其评估为易危（VU）物种。

本书编著者名单

编著者（按姓氏笔画排列）

马志军　　王海涛　　邓文洪　　卢　欣

许维枢　　李建强　　李湘涛　　李福来

杨晓君　　张荫荪　　陈水华　　冼耀华

郑作新　　钱燕文　　高学斌